01 轻食，因食而愈

主编：任芸丽

中信出版集团 · 北京

食盐
Salt

食盐 Salt

ISSUE 01

轻食，因食而愈

目录

Cooking

“轻”“快”小菜随手来 QUICK LIGHT DISHES

早餐，优雅轻盈如 Tiffany 蓝 BREAKFAST

生机春卷 7 则 SPRING ROLLS

Living

CONTENTS

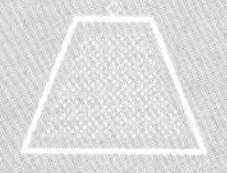

轻食
——生活的淡盐之味

文 | 任芸丽

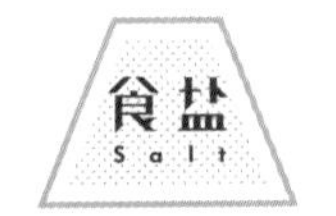

EDITOR'S NOTE
编者的话

这个夏天，终于把一个多年的心愿付之实施，“食盐”系列书带着对生活的热情面世了。食盐，厨房中最基础的调味品，它朴素而不可或缺。有时候至臻的美味可仅仅由一小撮盐带来，这也是“食盐”这个系列书品牌的由来。

“食盐”与你的第一次对话，就从“轻食”开始。“轻食”不是一个臆造的概念，其实是由来已久的饮食理念。当你在欧洲行走的时候，看到中午人们拿着一个食材健康、搭配清新的三明治，坐在长椅、台阶上，周围围满等待面包屑的鸽子，可谓轻食之一种。它不仅仅指简单却符合营养搭配的食物，还包括免费的阳光，包括街景和草坪，还包括随便掸一掸衣襟引起的翅膀欢快的拍动。鸽子呼啦啦飞入碧蓝的天空中，让人眯着眼睛看上半天。

所以轻食可不是一顿迅速解决战斗的快餐。如果抓着一个大汉堡，埋头吃得酱汁直淌，抬头抹抹油腻的嘴巴，根本感觉不到身体的轻松。是的，轻食的“轻”是一种身体感觉。你不应当为吃饭这件事增加肠胃的负担，导致身体的沉重。热量高的脂肪、糖分、过多碳水化合物显然都不符合轻食理念。现代人的身体原本就负担过重，而且是长期精神焦虑、工作过度和饮食不当积累下来的，我们太需要每一次进食都只摄入能量，而非加重原已沉重的身体。不过，仅仅是少吃点儿还没有进入轻食的世界，我们还需要获得心理上的轻盈。

轻食的“轻”是一种心理感受。就像鸽子飞上蓝天那样，重要的是放飞的愉悦和飞翔的感觉。能感受到“轻得要飞起来”的好心情，才是我们追求轻食生活的理由。好的食物需要好的就餐环境，那么轻松的饮食就需要搭配轻松的环境。什么环境会让我们轻松？想来无非方便、优美、无压力。工作、生活甚至通勤中的场所因为可以就便，往往成为一顿极简午餐的场地。但是只为图方便和免费，没有任何情调可言，干净和漂亮的原则永远高于一切。写字楼楼下有没有好看的绿地？今天中午有没有明媚的阳光？一起就餐的是不是那位我比较有好感的男同事？这些都是至为重要的因素。

轻食的“轻”说到底是一种生活态度下的生活方式。我们在这本书里提倡的轻食，并不是欧洲某国的轻食传统，也不是大洋彼岸的轻食主义。它就在我们身边，很东方，很中国，和季节相依，和自然共存。

“采薇采薇，薇亦作止”，《诗经·采薇》里那些在春天刚刚冒出嫩芽的野菜，是多么惹人喜爱。今年春天，我下决心一定要执行被工作一年一年耽误了的“采薇”大计。终于等到一个明媚的蓝天，我推掉所有事，身穿及踝长裙，提着篮子和小铲，打扮得像个地道的森女，和孩子一起到小区附近的小树林（离家最近的唯一有点“野趣”的地方）挖野菜。可是转悠了半天，自拍、对拍都拍过了，篮子里还是空空如也。原因还是怪我太拖拉，加之常识匮乏，终于成行时荠菜已经过了时候，长出长茎和白花，蒲公英也老了，采了也不能吃。林间、草地里能够采集的野菜原本就少之又少，更何况它们并不打算等我。春天为何总是这么快速和潦草，等不到比春天还忙的人慢下脚步来寻找？儿子倒是毫不在意，挖出了蚯蚓和其他不可名状的肉虫子吓唬我。就在极度失望的时候，我们忽然遇到一片紫花苜蓿。春天的嫩苜蓿叶可食，赶紧尽力采了一篮回来，和面做饼，终于吃到好吃的苜蓿馅饼。擦一擦额头上的细汗，心说：下个春天一定早点行动!

春有初生之薇，夏有成熟之叶，秋有完满之实，冬有无尽之藏。大自然的四季都有慷慨的馈赠，只是我们生活在玻璃城市中的现代人对她了解得太少。应时应季的饮食是我们提倡的轻食观念中的重要环节。因为顺应季节，一定能保证食材新鲜，也就不需要复杂的烹饪。我们提倡轻食，并不是建议你吃什么和不吃什么，而像是吹在你耳边的春风一样，提醒你抬头看一看柳枝拂动，看一看水波荡漾，轻声对你说：喏，这里有一种慢而简单的生活，它会让你周身轻盈——不只作用在体重上，还会愉悦你的心灵，就像在平淡无奇的生活里加了少少淡盐之味。

你要不要试一试呢？

食盐

S a l t

Cooking

ISSUE 01

轻食，因食而愈

“轻”“快”小菜随手来 | QUICK LIGHT DISHES

早餐，优雅轻盈如 Tiffany 蓝 | BREAKFAST

生机春卷 7 则 | SPRING ROLLS

我才不是那杯普通的奶昔！ | SMOOTHIE

纤体，轻食福利 | KEEP EAT, KEEP FIT

简单周末 | EASY WEEKEND

甜丝丝 | A LITTLE BIT SWEET

QUICK LIGHT DISHES
“轻”“快”小菜随手来

文 | 潘咏　图（部分）| 何璐

仍是情窦初开的小清新时，关注“水是眼波横，山是眉峰聚”；成为美食杂志主编，每日被美食围绕，爱上写美食随笔后，同一首诗却更爱另外一句：“若到江南赶上春，千万和春住。”人们是如此热爱春天般的生机与活力，从欣赏到流连，到留恋。因为绿意蓬勃的景象也象征着机会，代表着更多选择，更多希望。看到各种绿色，我们心里漾起的是满满的喜悦，四肢百骸都充满了轻盈的力量，那种动感活力足够帮我们去实现心中的任何梦想。

轻盈是一种心境，也能变成实感。吃了这些绿色蔬菜，真的可以身轻如燕，减肥效果可不一般！这些充满生机活力的蔬菜，有一些绿色多汁的多因水分足，长在水边或阴处而呈现阴寒特质，所以能够帮助身体排毒、祛热，例如西洋菜和芦蒿；还有一些因为富含纤维质能够帮助身体消化运作，例如春笋和豌豆；更有特别温热的蔬菜，例如韭菜，能够帮助人们补充肾气，储备更多精气神儿，身体也会因为动力十足而变得均匀有致。品尝绿菜，只要根据自己的体质，选择最为合适的，就能眼睛嘴巴双丰收！

轻盈也是一种方式，是做这些绿色蔬菜的方式。用最简洁的手法加工，快手菜一蹴而就，令人得到不一样的大满足。因为它们是如此鲜嫩，带着萌芽的气息，千万不要用太多调味料和烟火气遮住了朝气蓬勃的味道，珍惜得到的、体味得到的，我们就不会失去，对于菜如此，对于人这一辈子中遇到的种种何尝不是这个道理！

荠菜

荠菜一年生两季，都是季节转换之时。春夏之交的荠菜鲜嫩无比，秋冬之交的荠菜香气浓郁。荠菜在各地都有不同的名字，在广东叫鸡翼菜，在江西叫上巳菜，在贵州叫鸡足菜，在浙江叫饭锹头草，在福建叫蒲蝇花，等等，不一而足。荠菜的神奇在于它不仅能去火，它的营养成分更是如此全面，不像很多蔬菜专攻某一种或几种养分。荠菜比“营养模范生”菠菜更富营养，一盘荠菜即可具备几种蔬菜富含的全面养分，是营养师们公认的最理想时蔬。诗人陆游很少有闲情逸致研究吃食，却写过四首咏荠菜的诗；著名的吃货男神苏东坡则首创了荠菜馅春卷。还有人为了到底开红花的荠菜是至尊美味还是开白花的荠菜是本命正宗而争执不休……连古代文人对荠菜都有特别的情愫，那你这个春天去踏青采荠菜了吗？

荠菜豆腐羹

用料

南豆腐 1 小块、荠菜 300g、金华火腿 50g、高汤 2 碗、蛋清 1 个、盐适量、芝麻香油 2 滴、水淀粉 2 汤匙

做法

1- 荠菜择洗干净，汆烫至软，捞出后挤去多余水分，切成碎末。

2- 金华火腿切成碎末备用。南豆腐洗净切成 1cm 见方的小丁。蛋清打散备用。

3- 烧一锅水，水开后放入豆腐丁略烫。同时取一个小锅注入高汤，大火烧开后放入汆烫过的豆腐丁、荠菜末和火腿末轻轻搅拌。汤沸腾后，调入盐和水淀粉，搅拌均匀使汤水略黏稠，再次沸腾后淋入蛋清划散，蛋清凝固即可，出锅后滴几滴芝麻香油提香。

咸肉荠菜炒年糕

用料

咸肉50g、荠菜250g、水磨年糕200g、白砂糖1茶匙、盐适量、油1汤匙

做法

1- 咸肉洗净，放入锅中加入足量水，中火煮20分钟取出晾凉，切成小条备用。

2- 荠菜择洗干净，烧开一锅水，放入荠菜烫软捞出，挤出多余的水分，切成碎末备用。

3- 水磨年糕切片。如果是干年糕或真空包装的，需要放入开水中煮两分钟，捞出过凉，如果是新鲜年糕，则可以免去这个步骤。

4- 大火加热炒锅，锅热后注入油，五成热时放入咸肉条翻炒片刻，加入年糕和荠菜末翻炒均匀，调入盐、白砂糖和两汤匙水翻炒两分钟即可出锅。

荠菜炒冬笋

用料

荠菜300g、冬笋1棵、白胡椒粉1小撮、高汤50ml、盐1/2茶匙、生抽1茶匙、白砂糖1茶匙、油1汤匙

做法

1- 荠菜择洗干净，汆烫至软，挤干水分备用。

2- 冬笋去壳，切掉老根，削掉根部老皮，放入小锅加冷水煮开，略煮片刻捞出，纵向剖开后切成薄片。

3- 大火加热一个炒锅，锅热后注入油，油五成热时放入白胡椒粉炒出香味，再放入冬笋片略炒，加入高汤转小火焖两分钟，揭盖后加生抽翻炒均匀。

4- 放入荠菜翻炒片刻，调入盐和白砂糖，翻炒均匀即可。

炸荠菜鲜肉馄饨

❍ 用料

荠菜 250g、猪绞肉 150g、香葱 1 棵、姜粉 1/2 茶匙、白胡椒粉 1/2 茶匙、绍兴黄酒 1 茶匙、生抽 2 茶匙、白砂糖 1 茶匙、盐 1 茶匙、芝麻香油 1 茶匙、馄饨皮 45 张、油适量、辣酱适量（可选）

❍ 做法

1- 荠菜择洗干净，可以略留一点白色的根，这样可以增加荠菜香气。汆烫至软以后挤出多余水分，切成碎末备用。

2- 猪绞肉放入碗中，加入除辣酱、油以外的所有调料搅拌均匀，然后按一个方向用力搅拌，同时加入两汤匙清水，直至肉馅上劲。

3- 在肉馅中加入荠菜，搅拌均匀。

4- 馄饨皮放在手心，在中间加入少许馅料，然后把窄边向上卷起，再把两侧向中间折叠做成馄饨。

5- 取一个深锅，注入足量的油，加热至五成热，逐个放入馄饨，用中小火炸至金黄即可，可以配辣酱食用。

蒜 苗

在生活中被叫作蒜苗的有两种不太相同的青蔬：一种也叫青蒜，是大蒜的幼苗；另一种则叫蒜薹，是抽薹大蒜抽出的花茎。这两种菜都是市场上常见的春天的代表菜。两种蒜苗都具有祛寒散肿、杀菌抑菌的功效，在春天微寒万物复苏的环境中最能帮助并保护我们安然面对各种小意外。青蒜颜色漂亮，味道也很独特，不但可以单独成菜，也可以用来做提味的配菜。特别喜欢留住春天的感觉的话，可以在家里种一盆大蒜，等它们发芽长高后可以做菜吃，全家都会因为这盆绿植的成长和收获而欢欣鼓舞，孩子们也会变成春天里最开心的人。

青 蒜 炒 红 菜 苔

❍ 用料

红菜苔 1 小把、青蒜 2 棵、永川豆豉 1 茶匙、生抽 1 汤匙、白砂糖 1 茶匙、盐少许、油 1 汤匙

❍ 做法

1- 将红菜苔洗净，剥掉根部老皮，掐成段备用。青蒜斜切成片备用。

2- 大火加热炒锅，锅热后注入油烧至五成热，放入豆豉煸炒出香味，然后放入菜苔翻炒。

3- 菜苔变色后淋入生抽，加入少许水和白砂糖翻炒均匀，放入青蒜翻炒至微微变色，调入盐即可。

青蒜炒墨鱼

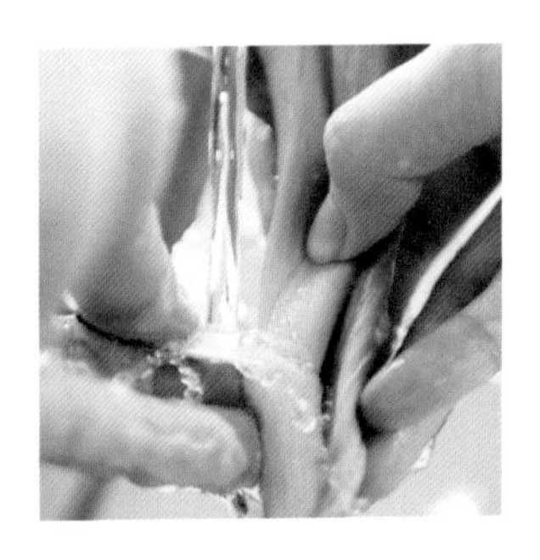

❍ 用料

青蒜2棵、墨鱼1只（中等大小）、香豆干2块、辣椒1个、老姜1片、白胡椒粉1/2茶匙、料酒1茶匙、油1汤匙、盐1茶匙

❍ 做法

1- 墨鱼洗净，撕掉筋膜，表面切出十字花刀，然后切小块备用。豆干切成小片。青蒜切成斜片备用。辣椒和老姜分别切成小片。
2- 烧开一锅水，放入墨鱼汆烫1分钟捞出备用。
3- 大火加热炒锅，锅热后注入油，烧至五成热时放入辣椒、姜片和胡椒粉煸香，放入墨鱼、豆干和青蒜翻炒，烹入料酒翻炒均匀，最后调入盐即可。

家常豆腐

❍ 用料

北豆腐 1 块、青蒜 3 棵、猪绞肉 50g、大蒜 1 瓣、老姜 1 片、酱油 1 汤匙、料酒 1 汤匙、白砂糖 1 茶匙、盐少许、油 2 汤匙、水淀粉 1 汤匙、高汤 1/2 杯

❍ 做法

1- 豆腐切成 4cm 见方、1cm 厚的大片。青蒜洗净，斜切成片。老姜切成小片。大蒜切片。

2- 炒锅烧热，注入油烧至五成热放入豆腐，逐片煎炸至表面金黄，盛出备用。

3- 炒锅留底油，大火加热至六成热，放入蒜片和姜片煸出香味，然后放入猪绞肉翻炒至变色。

4- 烹入料酒、酱油，放入豆腐并加入 1/2 杯高汤，烧开后焖煮片刻。待汤汁减少至一半时放入青蒜翻炒均匀，调入盐和白砂糖，最后淋入水淀粉翻炒至汤汁浓稠即可。

青蒜盐煎肉

❍ 用料

青蒜 2 棵、五花肉 200g、红辣椒 1 个、老姜 1 片、郫县豆瓣酱 1 汤匙、甜面酱 2 茶匙、料酒 1 汤匙、油 1 汤匙

❍ 做法

1- 五花肉切成薄片备用。青蒜斜切成片。辣椒切片。老姜切成小片。

2- 大火加热炒锅，锅热后注入油，放入五花肉片煎至边缘焦黄，微微卷起时盛出备用。

3- 炒锅中留底油，中火加热至五成热，放入老姜煸香，加入豆瓣酱炒出红油，放入肉片翻炒，烹入料酒并调入甜面酱翻炒均匀。

4- 锅中加入青蒜和辣椒片翻炒片刻，炒至青蒜微微变色即可。

西洋菜

西洋菜性寒，是从欧洲葡萄牙引进的舶来品，在中国广东、东南亚的菜品里最为常见。虽然这些地方的春天极短暂，但是多汁的嫩菜嫩茎嫩叶最能体现春意，渐渐就成为了岭南春菜的代表。在岭南，将西洋菜或生炒或煲汤都非常受欢迎，因为传说吃西洋菜可以止咳治肺病。但是一般人看到汤煲里被熬成黑色的西洋菜，大多因嫌而弃，其实这是失去了大好的去火机会。据说西洋菜里的极品是白骨西洋菜，光听名字可能就会让人冷得哆嗦一下。白骨西洋菜是不见阳光而生长的西洋菜，本来就大寒的属性会因不见阳光而变成至阴极寒，可以把它留给火大到冒鼻血的人享用……所以对于北方脾胃虚寒的人建议不要生食，煲入汤中最为妥当。而对于特别喜欢吃西洋菜的人，建议用个小水盆种养一盆，意趣颇佳！

西洋菜柚子沙拉

❍ 用料

西洋菜 1 小把、红心蜜柚 3 瓣、伊比利亚火腿 4 片、扁桃仁 1 小把、甜豌豆 1 把、蛋黄酱 2 汤匙、第戎芥末 1 茶匙、柠檬汁 1 汤匙、蜂蜜 1 汤匙

❍ 做法

1- 西洋菜洗净取嫩枝备用。红心蜜柚去皮取果肉，掰成小块备用。扁桃仁用一个干净的平底锅小火煎香，然后切碎。甜豌豆煮熟沥干备用。

2- 蛋黄酱、第戎芥末、柠檬汁和蜂蜜放入一个碗中搅拌均匀制成酱汁。

3- 西洋菜、蜜柚、豌豆和火腿放入大碗，淋上酱汁，最后撒上扁桃仁即可。

上汤西洋菜

用料

西洋菜500g、皮蛋1枚、咸鸭蛋1枚、蒜5瓣、姜片1片、高汤1碗、油1汤匙、盐少许

做法

1- 西洋菜择掉老茎，洗净控干备用。皮蛋和咸鸭蛋去壳，分别切碎。姜片用刀切成小片。
2- 大火加热炒锅，锅热后注入油，四成热时放入蒜粒煎炸至表面金黄，再放入姜片炒香。
3- 放入皮蛋和咸鸭蛋快速翻炒，待锅中泛起泡沫时，注入高汤煮至沸腾，调入盐，放入西洋菜煮至变色即可。

西洋菜牛肉丸

用料

西洋菜400g、牛肉丸12枚、高汤500ml、姜片1片、油1/2汤匙、芝麻香油3滴、盐少许

做法

1- 西洋菜择洗干净，姜片切成小片。
2- 炒锅中注入油，大火加热至五成热，放入姜片煎香，然后注入高汤。
3- 汤滚后放入牛肉丸煮至微微膨胀，放入西洋菜煮至变色，调入盐并滴入香油即可。

西洋菜蜜

❍ 用料

西洋菜 1 把、蜜枣 2 颗、蜂蜜 1 汤匙

❍ 做法

1- 西洋菜洗净，放入锅中，加入 4 杯水，放入蜜枣小火煲煮 1 小时。

2- 滤出汤汁，晾至室温，饮用时加入蜂蜜即可。

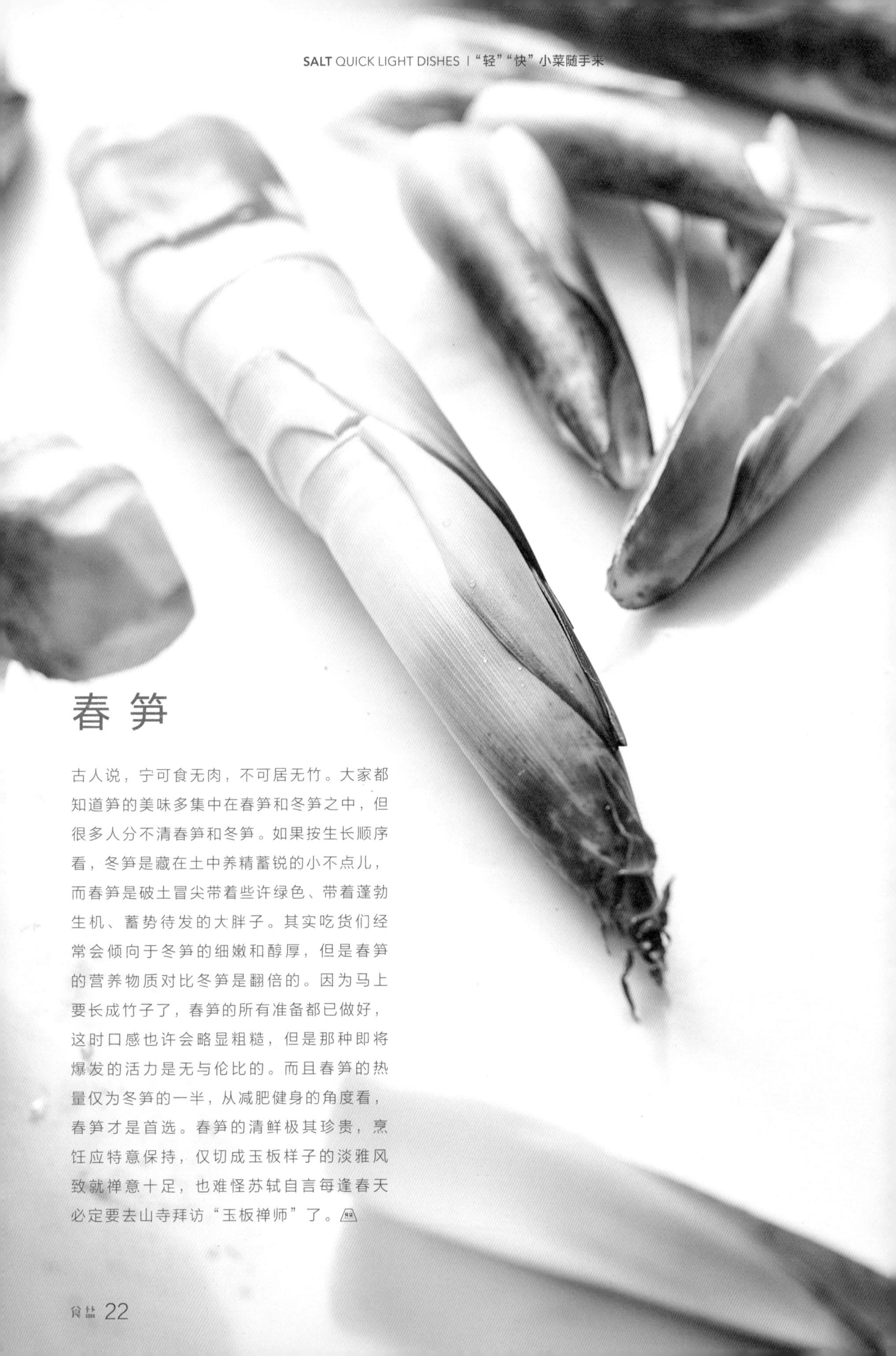

春笋

古人说，宁可食无肉，不可居无竹。大家都知道笋的美味多集中在春笋和冬笋之中，但很多人分不清春笋和冬笋。如果按生长顺序看，冬笋是藏在土中养精蓄锐的小不点儿，而春笋是破土冒尖带着些许绿色、带着蓬勃生机、蓄势待发的大胖子。其实吃货们经常会倾向于冬笋的细嫩和醇厚，但是春笋的营养物质对比冬笋是翻倍的。因为马上要长成竹子了，春笋的所有准备都已做好，这时口感也许会略显粗糙，但是那种即将爆发的活力是无与伦比的。而且春笋的热量仅为冬笋的一半，从减肥健身的角度看，春笋才是首选。春笋的清鲜极其珍贵，烹饪应特意保持，仅切成玉板样子的淡雅风致就禅意十足，也难怪苏轼自言每逢春天必定要去山寺拜访“玉板禅师”了。

油焖笋

❍ 用料

春笋 3 棵、香葱 1 棵、老抽 1 汤匙、生抽 1 汤匙、白砂糖 2 茶匙、油 2 汤匙

❍ 做法

1- 春笋去壳，切掉老根，切成滚刀块放入小锅中，注入没过笋块的水，大火煮开片刻，捞出笋控干备用。香葱洗净切段。

2- 炒锅中注入油，大火加热至五成热时，放入控干的笋块煎炸，待笋块外皮略皱，放入葱段一起煸炒，炒出香味后倒出多余的油。

3- 锅中烹入老抽、生抽，调成小火把汤汁煮沸，调入白砂糖翻炒均匀，汤汁收浓即可出锅。

笋豆炒鸡蛋

❍ 用料

春笋 1 棵、蚕豆瓣 100g、鸡蛋 2 枚、盐少许、白砂糖 1/2 茶匙、高汤 3 汤匙、油 1 汤匙

❍ 做法

1- 春笋洗净去壳，去掉老根，放入锅中加冷水煮沸片刻，取出后晾凉切成 0.5cm 见方的小丁。

2- 鸡蛋磕入碗中，调入少许盐打散。

3- 大火加热炒锅，锅热后注入油，六成热时倒入蛋液翻炒，待鸡蛋凝固成块，盛出备用。

4- 继续加热炒锅，放入笋丁和蚕豆瓣翻炒片刻，倒入高汤，沸腾后加入少许盐和白砂糖改成小火加盖焖煮片刻。

5- 最后把鸡蛋放回锅中，和蚕豆瓣、笋丁翻炒均匀即可。

春笋排骨汤

❍ 用料

猪肋排 500g、春笋 2 棵、香葱 1 棵、老姜 2 片、绍兴黄酒 2 茶匙、盐适量

❍ 做法

1- 猪肋排洗净，放入锅中，加入没过猪肋排的水，大火煮开，所有排骨变色后，捞出洗净备用。

2- 另取一个汤锅，注入足量的水，放入排骨大火烧开。香葱洗净，打成结放入汤中，加入姜片和黄酒，水开后改成小火加盖煲煮 1 小时。

3- 春笋去壳，切成滚刀块，加入汤中继续煲煮 30 分钟，最后调入盐即可。

春笋蒸火腿

❍ 用料

春笋 2 棵、金华火腿 100g、香葱 1 棵、绍兴黄酒 1 汤匙、白砂糖 1 茶匙

❍ 做法

1- 春笋洗净去壳，切掉老根后斜切成片备用。香葱洗净，切成葱花。

2- 金华火腿洗净表面油污，连皮切成薄片。

3- 盘中放入笋片，在笋片上码上火腿，依次摆满盘子，再撒上小葱和白砂糖，最后淋上绍兴黄酒，放入蒸锅大火蒸 20 分钟即可。

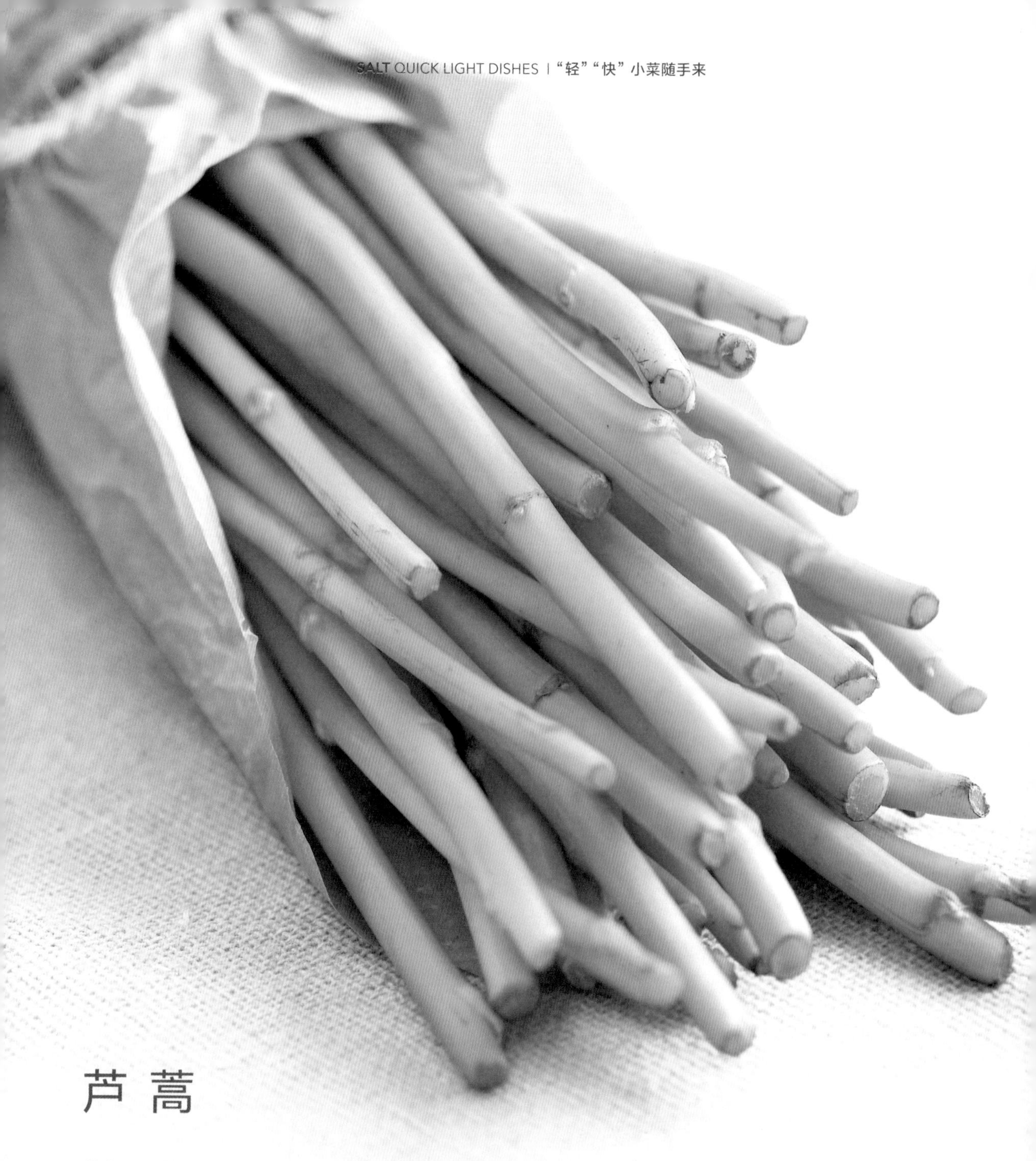

芦蒿

芦蒿又名蒌蒿，与同属菊科的茼蒿、艾蒿不同，芦蒿主要吃茎，气味更重。茼蒿在食疗中的价值主要是降压润肺，一般吃茎和叶；艾蒿主要能够解毒驱虫，是做青团的主材；芦蒿则能够退虚热祛风湿，但和能够提取青蒿素、治疗疟疾的黄花青蒿又不太一样。这么看起来，蒿草家族真的是“人”才济济。虽然它们成果辉煌，但是它们从不张扬，水边湿地、满坑满谷地长，默默地告诉着人们季节的变换。从身边的最简食材中收获更多美味，这就是老祖先令人钦佩的智慧。

煎肉炒芦蒿

❍ 用料

芦蒿 1 把、带皮五花肉 100g、红菜椒 1/4 个、生抽 1 汤匙、绍兴黄酒 1 汤匙、白砂糖 1 茶匙、盐适量、油 1 汤匙

❍ 做法

1- 五花肉洗净擦干，带皮切成薄片。芦蒿洗净控干，切成寸段。红菜椒切丝备用。

2- 大火加热炒锅，锅热后注入油，七成热时把五花肉片平整地放入锅中，两面煎至金黄。

3- 锅中烹入绍兴黄酒、生抽，然后加入芦蒿翻炒至芦蒿变色，加入红菜椒丝，调入白砂糖和盐翻炒均匀即可。

香干炒芦蒿

❍ 用料

芦蒿 1 把、香干 2 块、蒜 1 瓣、香葱 1 棵、老姜 1 片、朝天椒 1 枚、盐 1/2 茶匙、油 1 汤匙

❍ 做法

1- 芦蒿洗净，切成寸段。香干切片。葱、蒜分别切碎。老姜切成小片。朝天椒切片。

2- 大火加热炒锅，锅热后注入油，五成热时放入葱末、蒜末、姜片、辣椒片翻炒出香味，然后放入芦蒿和香干翻炒片刻。

3- 芦蒿变色后淋入两汤匙水，翻炒至水分蒸发，调入盐即可出锅。

芦蒿腊肠炒饭

❍ 用料

芦蒿 1 小把、腊肠 1 根、熟米饭 2 碗、香葱 1 棵、盐 1/2 茶匙、油 1 汤匙

❍ 做法

1- 腊肠洗净，放入蒸锅大火蒸 20 分钟，取出切成小丁。芦蒿洗净控干，切成小丁。香葱洗净切碎备用。

2- 大火加热炒锅，锅热后注入油，五成热时放入香葱和腊肠煸炒出香味，然后放入芦蒿翻炒片刻。

3- 加入米饭，用锅铲压散，翻炒均匀后调入盐即可。

炝拌芦蒿

❍ 用料

芦蒿 1 把、蒜 2 瓣、香葱 1 棵、干辣椒 2 枚、花椒 8 粒、生抽 2 汤匙、白砂糖 1 茶匙、油 1 汤匙

❍ 做法

1- 芦蒿洗净，香葱洗净切碎，蒜切片，干辣椒去籽，切成丝备用。

2- 煮开一锅水，放入芦蒿汆烫片刻，变色后即可捞出控干装盘。

3- 生抽放入碗中，加入白砂糖搅拌至溶化。香葱碎放入酱油汁中。

4- 取一个炒锅注入油，中火加热，放入蒜片炸至金黄，放入辣椒丝和花椒迅速熄火，把锅中热油淋在酱油汁上，然后再把准备好的调味汁淋在芦蒿上即可。

韭菜

老饕们常挂在嘴上的一句“春韭秋菘”可是对春天最好的注解。因为“六月韭臭死狗”的对比，鲜香春韭所带来的欢欣喜悦是无可比拟的。头刀韭的身价总是让人恍惚觉得自己挨了刀，但是看着它的嫩绿色泽，闻着春天的气息，总被勾得心驰神往，又似乎付出多少代价都值得。莫非是因此韭菜才被佛家归入荤菜类？韭菜性温，是所有脾胃虚寒的人四季可食的菜品，有助于活血补阳，在春天这个生机勃发的时节，韭菜是让你活力激荡的最佳助力。很多人可能会有春困的烦恼，韭菜就是抑制春困的良方。如果你属于胃热易上火的体质，品尝春韭的同时也可以吃稀粥、水果缓解烧心的感觉。毕竟这类绿蔬的存在就是为了提醒你，要动起来，要更活泼，要创造更多机会，实现更多梦想！

春韭炒河虾

❍ 用料

韭菜 1 小把、河虾 300g、香葱 1 棵、红辣椒 1 枚、生抽 1 汤匙、盐少许、油 1 汤匙

❍ 做法

1- 韭菜洗净控干，切成寸段备用。小河虾剪掉虾枪虾须，用淡盐水浸泡片刻后，捞出控干备用。红辣椒切片，香葱切碎。

2- 大火加热炒锅至锅热，注入油烧至五成热，放入葱花、辣椒煸香，放入小河虾翻炒至全部变色，调入生抽。

3- 放入韭菜迅速翻炒，最后按需调入盐即可出锅。

韭菜鸡蛋炒木耳

用料

韭菜 1 小把、鸡蛋 2 枚、干木耳 1 小把、盐少许、油 1 汤匙

做法

1- 黑木耳用冷水浸泡至回软。烧一锅开水，放入木耳汆烫两分钟，捞出控干备用。鸡蛋在碗中打散，调入少许盐搅拌均匀。韭菜洗净切段。

2- 小火加热炒锅，锅热后注入油，烧至五成热，倒入蛋液划散，翻炒至凝结盛出备用。

3- 继续加热炒锅，放入木耳翻炒片刻，加入韭菜段和鸡蛋，调入盐翻炒均匀即可。

豆皮韭菜

用料

豆腐皮 1 张、韭菜 1 小把、辣椒粉少许、孜然粉少许、熟白芝麻 1 汤匙、盐适量、油适量

做法

1- 韭菜择洗干净并控干，切成寸段。豆腐皮放入开水锅中汆烫片刻，捞出切成和韭菜一样宽的条。

2- 用一条豆皮将韭菜捆扎成柴垛状备用。

3- 平底锅用小火加热，刷少许油，待锅热后放入扎好的韭菜捆，撒上辣椒粉、孜然粉、白芝麻和盐，各个面煎 1 ~ 2 分钟即可。

韭菜烀饼

❍ 用料

韭菜 1 小把、鸡蛋 1 枚、虾皮 20g、玉米面 50g、盐少许、油 1 汤匙

❍ 做法

1- 鸡蛋在碗中打散，调入盐备用。韭菜切碎备用。

2- 大火加热炒锅，锅热后注入油，五成热时放入虾皮煸出香味，盛出备用。

3- 继续加热炒锅，倒入蛋液用筷子转圈划散，划成碎块，全部凝固后盛出，和韭菜、虾皮拌在一起。

4- 玉米面中加入 1 杯水，调成顺滑的糊状，用汤匙舀起可以如丝带般流下即可。

5- 平底锅中注入油，小火加热至五成热，把玉米面糊放入锅中摊成薄饼，然后撒上韭菜鸡蛋馅，待玉米面发白即可出锅。

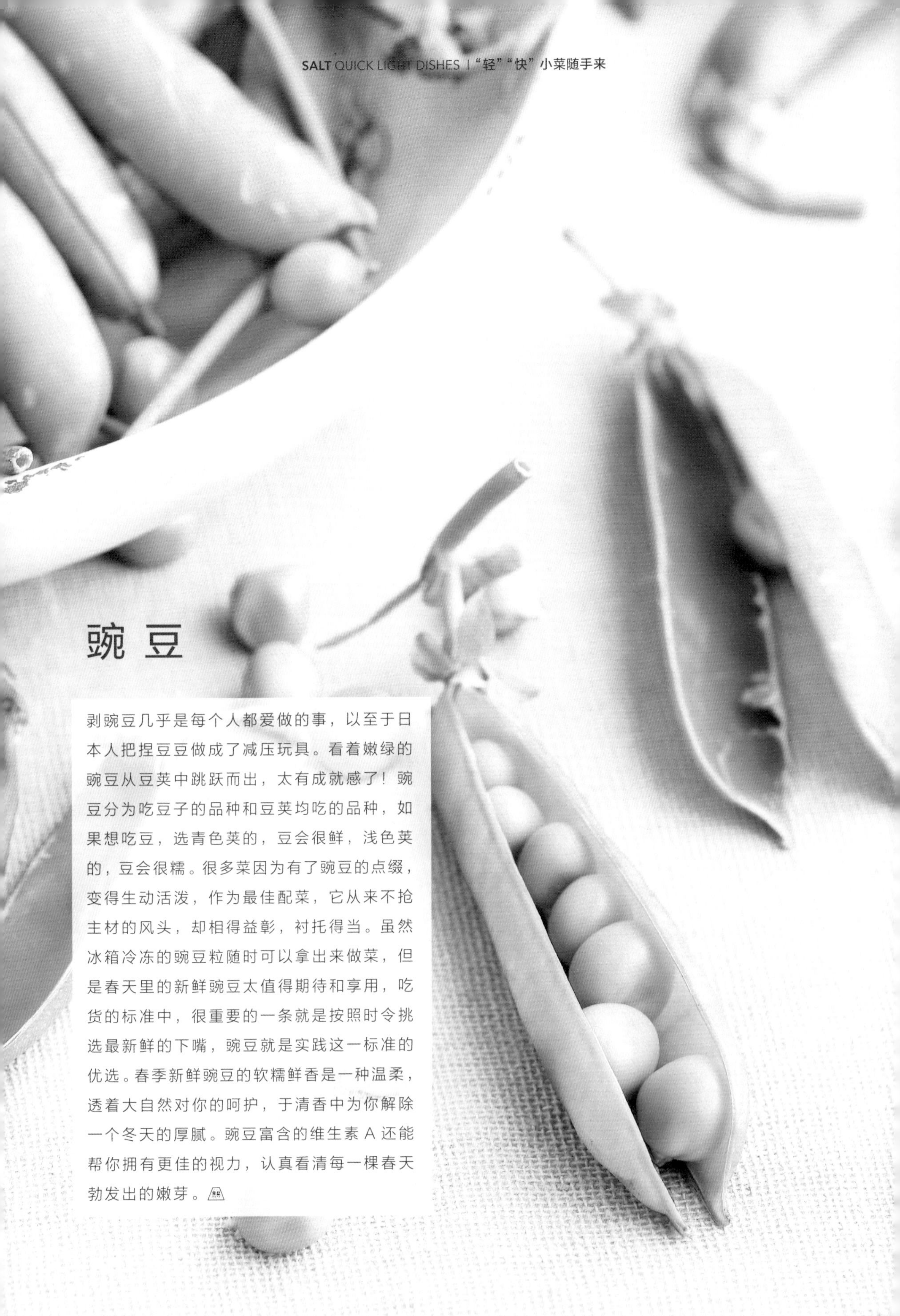

豌豆

剥豌豆几乎是每个人都爱做的事，以至于日本人把捏豆豆做成了减压玩具。看着嫩绿的豌豆从豆荚中跳跃而出，太有成就感了！豌豆分为吃豆子的品种和豆荚均吃的品种，如果想吃豆，选青色荚的，豆会很鲜，浅色荚的，豆会很糯。很多菜因为有了豌豆的点缀，变得生动活泼，作为最佳配菜，它从来不抢主材的风头，却相得益彰，衬托得当。虽然冰箱冷冻的豌豆粒随时可以拿出来做菜，但是春天里的新鲜豌豆太值得期待和享用，吃货的标准中，很重要的一条就是按照时令挑选最新鲜的下嘴，豌豆就是实践这一标准的优选。春季新鲜豌豆的软糯鲜香是一种温柔，透着大自然对你的呵护，于清香中为你解除一个冬天的厚腻。豌豆富含的维生素 A 还能帮你拥有更佳的视力，认真看清每一棵春天勃发出的嫩芽。

豌豆炒牛肉粒

用料

豌豆粒 1 碗、牛里脊 200g、香葱 1 棵、老姜 1 片、胡萝卜 1/4 根、绍兴黄酒 1 茶匙、生抽 1 茶匙、蚝油 1 茶匙、生粉 1 茶匙、白砂糖 1 茶匙、盐 1/2 茶匙、油 2 汤匙

做法

1- 牛肉切成和豌豆大小相似的小丁，香葱和老姜分别切碎，胡萝卜切丁备用。

2- 牛肉中加入葱末、姜末、绍兴黄酒、生抽、蚝油、生粉和白砂糖抓拌均匀腌渍片刻。

3- 大火加热炒锅至锅热，注入油并调小火力，摇晃锅子使油温均匀，约三成热时划入肉丁翻炒至全部变色，盛出备用。

4- 炒锅中留底油，中火加热至五成热时放入豌豆和胡萝卜丁翻炒片刻，淋入少许水，加盖焖煮片刻。待豌豆全部变色时，调大火力，放入肉丁翻炒均匀，调入盐后即可出锅。

咸肉豌豆控饭

用料

咸肉50g、豌豆粒1/2碗、香菇3朵、胡萝卜1/2根、荸荠5个、香葱1棵、大米1杯、油2汤匙、白砂糖1茶匙

做法

1- 大米淘洗干净，放入厚底锅中，加入1杯水和1茶匙油浸泡15分钟，然后用中火加热至沸腾，调成小火焖煮。

2- 咸肉切成小丁，用冷水浸泡30分钟。香菇洗净去蒂，切成小丁。胡萝卜和荸荠分别去皮切丁。香葱切碎。

3- 煮饭的火调成小火后就可以准备炒配料了。大火加热炒锅至锅热，注入油烧至五成热，放入一半葱花和咸肉煸出油脂，然后放入胡萝卜、荸荠和香菇炒至变软，然后放入豌豆翻炒片刻，调入白砂糖翻炒均匀。

4- 米饭焖至饭香四溢时放入炒好的配料，继续焖5分钟，熄火并翻拌均匀，出锅后撒上剩余的葱花。

五香豌豆荚

用料

豌豆荚400g、大葱1段、老姜1片、八角1枚、肉桂1小节、花椒1小撮、盐1茶匙

做法

1- 豌豆洗净，去掉多余的梗备用。

2- 煮锅中放入豌豆，放入葱段、老姜、八角、肉桂、花椒、盐和没过豌豆的水。

3- 盖好锅盖大火煮开，再煮12分钟，捞出装入碗中即可。

奶油青豆泥

❍ 用料

豌豆粒 1 大碗、清鸡汤 1 碗、淡奶油 2 汤匙、黄油 1 小块、盐少许

❍ 做法

1- 豌豆粒放入锅中，注入两碗水，中火烧开后再煮 10 分钟，无须盖盖。

2- 晾至不烫手后剥掉豌豆的内皮，这样可以确保豌豆泥的口感更加细腻。

3- 剥好的豌豆放入料理机中，加入清鸡汤和少许煮豌豆的水搅拌成泥。

4- 锅中放入黄油，小火加热，略融化后放入豌豆泥慢火熬煮至适当浓稠。

5- 调入 1 汤匙淡奶油和盐，上桌前用剩余的淡奶油装饰即可。

早餐
-
优雅轻盈如Tiffany蓝

文 | 潘晴

你仍然会在地铁站随意解决早餐吗？或者根本不吃？殊不知，你这样一个小小的偷懒行为，是你的身体、你的精神，都极力反对的！一顿轻盈美好的早餐，应该如 Tiffany 蓝般优雅，仿佛是唤醒感官活力的按钮，按下它，你的一整天都能神采奕奕。

salt

星期一
Monday

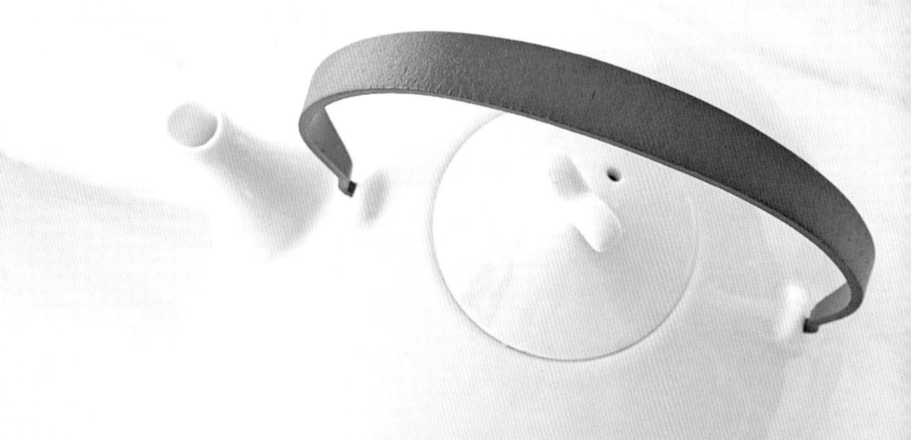

早餐标配核查

谷物＝乌冬面，动物性食品＝虾仁＋鸡蛋，蔬菜、水果皆有，但缺乏了奶或者奶制品。记得按照自己的喜好，补充奶制品，如酸奶、奶酪。豆制品也是不错的选择。可以考虑在早餐中增加一个凉拌豆腐丝或者卤一碟豆腐干。

菠菜虾仁炒乌冬

用料

菠菜 1 小把
虾仁 100g
鸡蛋 1 枚
乌冬面 100g
油、盐、生抽各少许

做法

1- 乌冬面放入清水中浸泡 5 分钟。锅里煮开水后，将泡好的乌冬面下锅煮两分钟，捞起来沥干水分备用。
2- 鸡蛋在碗中打散。菠菜洗净沥干水分，切成大约 5cm 的段备用。虾仁洗净沥干水分备用。
3- 大火加热炒锅，放入少许油，六成热时将蛋液倒入炒熟后盛出备用。
4- 趁着锅里炒鸡蛋剩下的油把虾仁入锅，翻炒至虾仁变色，然后放入菠菜段、鸡蛋碎和乌冬面炒两分钟，加入盐和少许生抽调味即可。

枸杞红枣蜂蜜水

用料

枸杞 10~15 颗
红枣 3~4 颗
蜂蜜 1 汤匙

做法

1- 将枸杞和红枣洗净，红枣去核切成片。
2- 将洗净的枸杞和红枣片放入杯中，冲入沸水浸泡 10~15 分钟。
3- 待茶晾凉些，调入蜂蜜即可饮用。

salt

星期二

Tuesday

早餐标配核查

谷物＝面粉＋大米；动物性食物＝鸡蛋＋火腿；奶或者奶制品＝奶酪；蔬菜也有多种，然而缺少水果，可以考虑搭配一个甜味水果，诸如香蕉、苹果。这类水果的香气和香甜的味道有助于唤醒大脑，令大脑在最短时间内从一夜的睡眠状态转为清醒的工作状态。

田园蔬菜粥

用料

大米 100g
甜玉米 1 根
胡萝卜半根
干香菇 4 朵
豌豆粒 50g
香葱少许
盐少许
油少许

做法

1- 将玉米粒剥下来，胡萝卜洗净去皮，豌豆洗净沥干水分，香菇用温水浸泡。将香菇、胡萝卜分别切丁，香葱切成葱花备用。
2- 大米淘洗干净后，用少量油、盐拌匀，腌渍 5 ～ 10 分钟，倒入锅中，加入足量的清水。盖上锅盖，开大火煲至水开后，转小火熬煮 20 分钟。
3- 将胡萝卜丁、香菇丁、玉米粒、豌豆全部倒进粥锅，开中火煮开后，转小火继续熬煮 20 分钟。
4- 根据自己的口味放盐，加入葱花提味即可。

火腿鸡蛋卷饼

用料

薄饼 2 张
片状奶酪 4 片
生菜叶 2 片
西式火腿 4 片
橄榄油 1/2 汤匙

做法

1- 薄饼摊开，依次铺上片状奶酪、西式火腿和生菜叶，卷起成筒状。
2- 煎锅内放入少许橄榄油，中火加热至五成热，放入卷好的薄饼煎至奶酪略微融化即可。

salt

星期三

Wednesday

✍早餐标配核查

动物性食物＝三文鱼，奶或者奶制品＝酸奶、牛奶。蔬果在这份早餐中也均有涉及。你可以再适当搭配几块苏打饼干或者你喜欢的其他谷物。千万不要小看谷物，它们能为身体提供碳水化合物，而碳水化合物能直接转化为糖，并为我们的大脑提供养分。

三文鱼黄瓜鳄梨三明治

❍ 用料

新鲜三文鱼 200g
嫩黄瓜 30g
中等个头儿的牛油果 1/4 个
吐司面包 2 片
青芥辣少许
熟芝麻少许
日式酱油少许

❍ 做法

1- 黄瓜洗净切片备用。牛油果去皮，切成小丁备用。新鲜三文鱼切成薄片备用。
2- 将三文鱼薄片铺开，抹上一些芥末酱，淋少许日式酱油。将黄瓜片摆在一片吐司面包上，再摆上三文鱼片。
3- 盖上另一片吐司面包，然后摆上黄瓜片、三文鱼、牛油果丁，改刀切小，最后撒上熟芝麻即可。

双果思慕雪

❍ 用料

酸奶 200ml
牛奶 50ml
芒果半个
百香果 1 个
蜂蜜 1 汤匙

❍ 做法

1- 百香果切开，将果肉汁水取出，直接倒入榨汁机中。
2- 芒果去皮切小丁放入榨汁机，并加入蜂蜜。
3- 将酸奶和牛奶一起倒入榨汁机，搅打至所有颗粒均消失后即可倒入杯中饮用。

豆苗蘑菇汤

用料

豆苗 1 小把
口蘑 5 个
金针菇 1 小把
豆腐 50g
姜 2 片
盐 1 小撮
胡椒粉 1 小撮
香油数滴
清鸡汤 2 碗

做法

1- 豆苗、口蘑、金针菇洗净，口蘑切片备用。
2- 豆腐切小丁。
3- 鸡汤（如没有鸡汤，也可直接用清水）中放两片姜，加入口蘑片和豆腐丁烧开。水开后，加入金针菇，煮 3 分钟。
4- 再放入豆苗，加少许盐。注意不要盖盖子，水再次烧开后关火，点入香油和胡椒粉即可出锅。

葱香油泼面

用料

细面 100g
香葱 4~5 棵
味极鲜酱油 4 汤匙
白糖 1 汤匙
鱼露 1 汤匙
藤椒油 1 汤匙（可省略）
油 2~3 汤匙

做法

1- 将面条煮熟，用凉水过一下，捞出沥干水分后盛入碗中备用。
2- 煮面时，将香葱洗净切成葱花，并沥干水分。
3- 将除了油之外的全部调料加入面条中，再把做法 2 中切好的葱花平铺在面条上。
4- 另起热锅，倒入油烧热，趁热将油浇到葱花上，然后将所有调料拌匀即可。

salt

星期四 Thursday

早餐标配核查

谷物＝面条，新鲜蔬菜若干，奶或者奶制品＝豆腐。就目前看，这顿早餐与标配的差距是动物性食物，可以考虑搭配一根香肠、两片火腿片，或者一个水煮蛋。同时，记得蔬菜与水果不能互相替代，如果觉得刚吃过早饭吃不下水果，可以在10点前后再补充一个水果。

鲜虾双果三明治

用料

贝果 1 个
牛油果 1/2 个
中等个头儿的虾 6 只
奶酪片 1 片
生菜叶 2 片
柠檬汁少许
盐、黑胡椒少许

做法

1- 鲜虾去壳，去虾线，焯水断生后取出沥干水分，趁热撒上少许盐和柠檬汁。
2- 牛油果对半切开，去核，取果肉切成薄片备用。
3- 贝果放入烤箱烤 3 ~ 5 分钟，趁热从中间剖开，夹上洗净的生菜叶、奶酪片、牛油果片和虾仁，再撒上少许黑胡椒即可。

莓果酸奶麦片

❍ 用料

酸奶 1 瓶
各种莓果（草莓、蓝莓、树莓、黑莓等）若干
即食燕麦片 100g

❍ 做法

1- 将所有莓果洗净，个头儿较大的切小块备用。
2- 将燕麦片、莓果和酸奶混合即可。如果希望燕麦能蕴含更多酸奶的味道，同时口感也变得绵软些，可以搅拌均匀后，略待一些时间再食用。喜欢酥脆口感的人，可以拌好即食哟！

salt
星期五
Friday

早餐标配核查

谷物＝贝果＋燕麦，动物性食物＝虾，奶或者奶制品＝奶酪＋酸奶，蔬果＝牛油果＋各种莓果。虽然这份早餐看似所有的营养素都已齐全，但蔬菜的量明显不足，仍需适当添加。可以补充搭配清爽的凉拌小菜。

salt

星期六 Saturday

早餐标配核查

谷物 = 米饭 + 糯米粉。蔬菜品种丰富，但缺乏动物性食物以及奶或者奶制品。可以考虑配一小碟鸡丝炒豆干或者肉末蒸豆腐，这样可以同时补充两种缺乏的营养。另外，别忘了吃个水果！

时蔬咖喱炒饭

用料

米饭 1 小碗
西蓝花 50g
胡萝卜半根
玉米半根
圣女果 4 个
四季豆 50g
咖喱粉少许
盐少许

做法

1- 西蓝花洗净掰成小朵，四季豆洗净切成小段，胡萝卜洗净去皮切丁，玉米剥粒备用。
2- 将西蓝花、胡萝卜丁、四季豆一起用水焯好后待用，圣女果从中间切开。
3- 炒锅内倒油烧热，加咖喱粉以小火炒香，然后加入圣女果翻炒。圣女果果皮微皱时，倒入米饭，翻炒均匀。
4- 最后加焯熟的西蓝花、胡萝卜丁、四季豆以及玉米粒炒匀，加盐调味即可。

韩式南瓜羹

用料

南瓜 500g
糯米粉 20g
盐 1 小撮
冰糖 10g

做法

1- 南瓜对半切开去籽，入锅蒸 20 分钟。出锅晾至不烫手后用勺子把南瓜肉挖出来，加水稀释，再放入料理机搅打成泥状备用。
2- 用清水将糯米粉稀释调匀后倒入南瓜泥里，一起倒入小锅，开小火加热，边加热边搅拌，直至将南瓜泥煮得稠厚。放入冰糖，待冰糖全部溶化时，再加一点点盐。
3- 如果感觉南瓜泥太过浓稠，可以适当加入少量温水。

salt

星期日

Sunday

早餐标配核查

谷物=法棍，动物性食物=培根+红肠，奶或者奶制品=奶酪，蔬菜水果若干。

这份早餐基本达成最佳组合方式！

法棍比萨

用料

法棍一根
培根适量
红肠适量
圣女果几颗
蘑菇适量
青椒适量
菠萝适量
马苏里拉奶酪碎 1/2 碗

做法

1- 法棍斜切成厚约 1cm 的片作比萨底。将其他所有蔬菜水果均洗净沥干水分切成小片，圣女果对半切开。
2- 先在切好的法棍片上摆上一层厚厚的马苏里拉奶酪，然后将切好的各种食材随意摆放在上面，在这些食材上再薄薄地加一层马苏里拉奶酪。
3- 烤箱 180 摄氏度预热，将法棍比萨放入烤盘，烘烤 15 分钟即可。

鲜果薄荷沙拉

用料

葡萄柚 1 个
橙 1 个
奇异果 1 个
腰果 15g
薄荷叶 15g
盐少许

做法

1- 将葡萄柚、橙、奇异果皆去皮、籽，切片备用。
2- 将烤熟的腰果打碎备用，薄荷叶洗净备用。
3- 将所有水果片放在一个大碗里，撒上新鲜的薄荷叶及腰果碎，然后加少量的盐拌匀即可。

选对食材 是美好早餐的基础

早餐分季节吗？难道不是一年四季汉堡包或者鸡蛋灌饼吗？当然不能如此对付！前几年追剧，看韩剧《春香传》，女主角遇到多年未见的男主角时，事业有成的男主角却因为经常忙到无法规律地吃饭而胃疼。女主角说："努力赚钱的目的不就是为了好好吃饭嘛！"如果，连饭都没法好好吃，那赚很多钱是为了买药吃吗？

所以，每天的早餐一定要好好吃！要知道，一顿美好的早餐给身体和精神带来的影响往往超乎你的想象。早餐不仅能唤醒你的身体器官，让它们接收工作的指令，还能提振精神，令你一整天都元气满满。一顿营养丰富的早餐标配是怎样的？简单归纳就是——谷物100克、动物性食物适量、奶或者奶制品250毫升，再加上新鲜蔬果各100克。当然，一顿早餐很难完美达成这样的营养组合以及分量，你可以根据自己的实际情况，酌情补充。

如今，吃得饱已经不再是我们的追求，吃得好也很容易满足，所以，我们还需要给自己一些不一样的早餐定义——比如优雅！如果让我们一起来想想关于早餐最优雅的画面是怎样的，恐怕百分之九十以上的人都会如我一般，想起奥黛丽·赫本从纽约第五大道的出租车上走下来，把黑框眼镜向下拉，出神地望着蒂凡尼（Tiffany）的橱窗，嚼着手里的羊角面包……这个经典的背影已经过去了整整五十年，然而，羊角面包的香气仿佛仍然停留在我们的鼻尖。

如何为自己和家人精心准备一份Tiffany蓝般优雅的早餐，给身体感官带来最极致的美好，这就是我想跟你们一起来尝试的……

西蓝花降低呼吸道疾病发病率

雾霾频频光顾，口罩变成必需品，呼吸道疾病也开始成为令我们不得不忧心忡忡的一件事。美国的一项新研究发现，西蓝花及其他十字花科蔬菜中的一种化合物有助于防止呼吸道炎症，从而降低哮喘、过敏性鼻炎和慢性阻塞性肺病的发病率。加州大学洛杉矶分校研究人员表示，这种名为莱菔硫烷（SFN）的化合物，会刺激呼吸道抗氧化酶更好地发挥作用，阻止污染空气、花粉、尾气及香烟经过呼吸而进入人体的大量自由基。记得多吃点西蓝花，说不定就能防霾呢！

豆苗，比美白霜还管用？！

豆苗是豌豆初生的嫩芽，我们吃的通常是其嫩梢和嫩叶的部分。豆苗最宜用来制作汤品。豆苗的营养价值与豌豆大致相同：富含维生素 c 和能分解体内亚硝胺的酶，具有抗癌防癌的作用；含止杈酸、赤霉素和植物凝素等物质，具有抗菌消炎、增强新陈代谢的功能；含有较为丰富的纤维素，可以防止便秘，有清肠作用；还含有很多钙质、维生素 B、维生素 C 和胡萝卜素。女性最爱的功效莫过于豆苗能美白被晒黑的肌肤，使肌肤清爽不油腻。

感冒药 No，维生素 C Yes！

感冒是一种很神奇的病症，经常光顾，且一来多半就要待上好几天，让人打喷嚏、流鼻涕、喉咙痛、困倦……小麻烦一大堆！预防感冒有很多办法，比如每天坚持走路 30~45 分钟，身体产生的免疫反应就能延续几个小时。因此，爱走路的人患病的概率要比不愿意走路的人低一半。饮食上，可以多摄入富含维生素 C 的食物。维生素 C 对于提高免疫力、防治感冒有很好的效果。柑橘类水果富含维生素 C，还能提供一定数量的胡萝卜素和钾、钙、铁等矿物质。而奇异果的维生素 C 含量更是在水果中名列前茅，一颗奇异果能提供一个人每天维生素 C 需求量的两倍以上，被誉为“维 C 之王”。

蔬菜，吃几种都是不够的！

在都市里生活得越久，反而越向往田园的风景和闲适。这种向往竟也如钱钟书老先生形容的“围城”般成为一种模式！于是，我们会想着将田园的美好转移到餐桌上。提及前文的田园蔬菜粥，其实不必拘泥于菜谱中的蔬菜，只要是自己喜欢的，都可以发挥创意。要知道，蔬菜在米粥中碰撞出的清淡香味，并不会比走在一条乡间小道上，闻到雨后泥土的芳香差多少呢！

口罩不能解决的问题就交给食物吧！

如果我们的身体罹患过敏之类的疾病，多数都与体内器官、血液等受到污染毒害有关。这些毒害有的来自空气污染，有的来自粉尘与金属颗粒的侵蚀，有的甚至来自不正确的饮食摄入……这些毒素在身体内不断堆积，导致我们患病的概率提升。哪些食物能帮助身体清除或减轻体内“垃圾”呢？香菇、口蘑、黑木耳等菌菇类食物有清洁血液、解毒、增强免疫机能的作用，经常食用，可有效地清除体内污物。而金针菇菌柄中含有一种蛋白，可以抑制哮喘、鼻炎、湿疹等过敏性疾病，更能帮助身体提升免疫力应对过敏高发。

胡萝卜，维生素 A 补充利器！

营养专家认为：如果体内缺乏维生素 A，会容易患呼吸道和消化道感染。一旦感冒或腹泻，还会导致体内维生素 A 的水平进一步下降。而维生素 A 缺乏又会降低人体的抗体反应，导致免疫功能下降。这样的恶性循环在春天时有发生。营养专家还指出：从食物中补充维生素 A 是非常安全有效的方法，而在众多食物中，最能补充维生素 A 的当数胡萝卜。所以，春季到来的时候一定要多食用胡萝卜等富含维生素的食物。

菠萝，也许可以替代米饭

菠萝是一种特殊的水果！很多女性由于怕胖而对碳水化合物唯恐避之不及，但又因为大脑的直接需要而对其欲罢不能。专家指出：菠萝就像所有碳水化合物一样，可以供给身体充足的能量。另外，菠萝富含矿物质和维生素 B_1，这两种物质能够帮助身体把碳水化合物转化为能量。所以，当你下次再为了到底是要身材还是充沛的精力而陷入两难选择时，不妨考虑一下菠萝吧！

告别困意食疗方

“困”主要与天气、工作、饮食、睡眠、运动不和谐有关，要注意摄取足够的蛋白质和含钾食物。四季豆富含蛋白质和多种氨基酸，蛋白质中的酪氨酸是脑内产生警觉的化学物质的主要成分，而蛋白质中的蛋氨酸则具有增强人体耐寒能力的功能。胡萝卜、南瓜、番茄、青椒、芹菜等红黄色和深绿色的蔬菜，对恢复精力、消除困倦也很有益处。同时，颜色也能成为消除困倦的好帮手，比如红色，就能消除懒散、疲乏，并快速恢复生气。当你感觉软弱无力时，不妨换上条红裙子。

牛油果，真的不太像水果

无论从长相还是从口感上看，牛油果都不太像水果呢！而且从吃法上来讲，似乎也很少有人将其当作水果来吃。相反，它绵密的口感，使其成为黄油的最佳替代品，也因此被誉为“森林的黄油”。现代人工作压力大，不少人都是过了三十岁才将生育小宝宝纳入人生计划，这些妈妈就可以多吃一些牛油果哟！因为它能为身体提供“好脂肪”，还富含孕妇必需的维生素叶酸，帮助小宝宝迅速平稳地“着床”，提升高龄妈妈们的受孕能力；另外，牛油果还是混合了维生素 B 和 E 的“超级抗老食品”，对提升情绪状态，清除体内自由基颇有一手。

心心念念的五谷燕麦

老祖宗常说：“五谷为养。”意思就是要吃五谷杂粮才能对健康有利。所谓的五谷杂粮，包括玉米、高粱、小米、荞麦、燕麦、莜麦、薯类及各种豆类等。这些杂粮含有丰富的纤维素，促进肠道蠕动帮助机体排毒，还可以降低低密度胆固醇和甘油三酯的浓度，延迟饭后葡萄糖的吸收。燕麦则含有可降低胆固醇的可溶性纤维和抗氧化剂，可以降低罹患心脏病的危险。如果能配合富含维生素 C 的浆果一起食用，其预防心脏病的效果将翻倍。

大力水手的神力来源

对于男孩子来说，菠菜是大力水手的神力之源；对于女孩子来说，菠菜是妈妈的絮叨中补血的神器。对医学家而言，形如“红嘴绿鹦哥”的菠菜中含有丰富的胡萝卜素、维生素C，以及钙、磷、铁等微量元素。《本草纲目》中指出：食用菠菜可以“通血脉，开胸膈，下气调中，止渴润燥”。很多名人食客，例如梁实秋、蔡澜，甚至末代皇帝溥仪之胞弟溥杰的夫人都在文章中介绍过菠菜的美味做法。

高蛋白的快乐早餐

一份来自英国的全新研究显示：如果早餐摄入更多的蛋白质，可以防止人体增重。专家们指出，早餐摄入含有丰富蛋白质的食物，如培根、香肠、豆类和鸡蛋，能提高大脑中一种调节食物摄入量和食欲的化学物质的水平。这能充分降低人们对食物的渴望，使得在当天晚些时候摄入的食物量相对减小。高蛋白早餐会增加大脑中多巴胺的水平，我们都知道，多巴胺是能让人感觉快乐的信号源。

三文鱼抗抑郁

气压较低时，容易引起人脑分泌的激素紊乱，加上天气多变，常常使人情绪波动较快。当发现自己情绪低落时，不妨去户外晒晒太阳，温暖的阳光会让心情舒畅起来。有研究显示，生活在海边的人与生活在内陆的人相比，要更快乐。这不仅仅是因为大海能让人神清气爽，最主要的是海边的居民以鱼作为主要食物之一。哈佛大学的研究报告指出，鱼油中的Omega-3脂肪酸与某些抗抑郁药物的效果非常相似。而三文鱼是所有深海鱼中Omega-3脂肪酸含量最高的。每100克三文鱼中约含有2.7克Omega-3，所以，多食用三文鱼，能令你更快乐！

蜂蜜红枣抗过敏

如今过敏体质的人越来越多，而且导致过敏的过敏原也变得越来越普遍。如果对花粉过敏，美好的花也不能欣赏而只能远观。美国免疫学专家认为，蜂蜜对治疗花粉过敏很有效。这是因为蜂蜜中含有的微量蜂毒，对过敏性疾病有一定疗效，同时蜂蜜中含有一定花粉粒，人体习惯以后就会对花粉过敏产生抵抗力，这和“脱敏疗法”的原理是一样的。红枣中含有大量抗过敏物质——环磷酸腺苷，对治疗过敏也很有帮助。来，喝完这杯蜂蜜红枣茶，一起去赏花吧！

生 机 春 卷 7 则

春卷，不只是在春天，任何时候都可以把浓浓的生机卷在一起。
一大口咬下去，生活的滋味扑面而来。

一张 春卷皮的 诞生

春卷皮

❍ 用料

面粉 500g、水 450ml、盐 10g

❍ 做法

1- 面粉和盐拌匀，分次加入 300ml 水，用筷子充分搅拌，和成一个稀软的面团。这一步需要很有耐心。把面团在盆里揉到表面略光滑，然后从剩余的 150ml 水中取 1/3 淋在面团表面，盖上保鲜膜放置 10 分钟左右。手握成拳，从上向下按压，把水分搋进面团里，直至所有水分和面团融合，面团表面再次变得光滑。重复 3 次，把剩余的水分都搋入面团中。

2- 成型的面团非常稀软，抓在手上有一定流动性。把面团抓在手上，让面团向下流动，在面团马上要溜走的时候可以将其再抖回手心。在面盆中用手心捧住面团沿一个方向转动，让面团形成一个圆球，重复这个动作可以让面团筋力强劲，有助于最后摊成春卷皮。

3- 用小火加热一个饼铛，最好不要用不粘锅。锅热后，抓一团面，反复抖动几次后按在锅中快速抹出一个圆形薄饼。提起面团的时候通常会有小疙瘩残留在薄饼上，用手中的面团快速地蘸一下，可以把残留的面疙瘩粘起来，使面皮更加均匀。

4- 锅中的薄饼颜色变白，边缘微微翘起时，用扁铲或直接用手指捻起边缘，揭出饼皮放在一边，这样，一张春卷皮就完成了。这是个技术性很强的工作，一开始摊出的春卷皮可能会很厚，还有很多面疙瘩，多多练习，一定可以成功的。

S a l t

食盐
Salt
SPRING
ROLLS
-
春卷

Salt

白菜肉丝春卷

❍ 用料

春卷皮若干、里脊肉 150g、白菜心 400g、香葱 1 棵、老姜 2 片、绍兴黄酒 1 汤匙、白胡椒粉 1/2 茶匙、生粉 1 茶匙、盐 1 茶匙、白砂糖 1 茶匙、水淀粉 1 汤匙、油适量

❍ 做法

1- 香葱洗净切碎，老姜切成姜末。里脊肉切成较短的丝，加入葱花、姜末、绍兴黄酒、生粉、少许盐和白胡椒粉抓拌均匀备用。

2- 白菜洗净，切成细丝，控干水分备用。

3- 大火加热炒锅，锅热后注入 1 汤匙油，烧至五成热时放入肉丝煸炒至变色，盛出备用。

4- 炒锅留底油，用中火加热，放入白菜丝翻炒片刻。白菜略变软时，加入剩余的盐，用小火继续翻炒，然后加盖焖片刻。待白菜全部变软，调大火力并放入肉丝和白砂糖翻炒片刻，然后调入水淀粉勾芡。

5- 馅料晾凉以后开始包春卷。铺一张春卷皮，取适量馅料放在中间，先把下方的春卷皮卷起盖住馅料，然后把两侧向中间折叠，最后继续向上完全卷起。封口处可以涂少许水让面皮粘牢。

6- 用一口深锅注入足量油，中小火加热至四成热时，逐个放入包好的春卷炸至表面金黄酥脆即可。

荠菜鸡丝春卷

❍ 用料

春卷皮若干、荠菜 300g、鸡胸肉 200g、香葱 1 棵、白胡椒粉 1/2 茶匙、绍兴黄酒 1 茶匙、生粉 1 茶匙、生抽 2 茶匙、白砂糖 1 茶匙、油适量

❍ 做法

1- 荠菜择洗干净，汆烫至变软，挤去多余水分后剁成碎末。香葱切碎。鸡胸肉切丝备用。

2- 鸡丝中放入香葱碎、白胡椒粉、绍兴黄酒、生抽、白砂糖和生粉，抓拌均匀备用。

3- 大火加热炒锅，锅热后注入油烧至五成热，放入鸡丝划散，变色后盛出，加入荠菜碎末拌匀。

4- 春卷皮中包入荠菜鸡丝馅，卷好做成春卷坯。

5- 平底锅中注入适量油，中火加热至五成热，放入春卷煎制 3 分钟，翻面后煎至金黄即可。

紫薯山药春卷

❍ 用料

春卷皮若干、紫薯3个、山药1根、白砂糖2汤匙、油适量

❍ 做法

1- 紫薯和山药洗净后蒸熟，去皮后分别压成泥，再次过筛可得到更为细腻的紫薯泥和山药泥。
2- 在紫薯泥和山药泥中分别加入1汤匙白砂糖，搅拌均匀。
3- 在春卷皮的一边放适量紫薯泥，另一边放适量山药泥，然后卷成春卷坯。
4- 取一个深锅，注入足量油，中火加热至七成热，放入春卷坯炸至金黄酥脆即可。

鲜虾韭黄春卷

❍ 用料

春卷皮若干、虾仁 200g、韭黄 100g、猪绞肉 100g、绍兴黄酒 2 茶匙、生抽 1 汤匙、盐 1 茶匙、白砂糖 1 茶匙、蚝油 1 茶匙、生粉 1 茶匙、小苏打 1/3 茶匙、油适量

❍ 做法

1- 虾仁洗净，切成小段，加入小苏打抓拌均匀。韭黄洗净，切成碎末。

2- 猪绞肉放入碗中，加入所有调料搅拌上劲。虾仁再次清洗一下，擦干后和韭黄一起放入肉馅中拌匀。

3- 用春卷皮把馅料卷好，做成春卷坯。

4- 锅中放入足量油，中火加热至四成热，放入春卷坯炸至金黄即可。

Salt

笋丝春卷

❍ 用料

春卷皮若干、冬笋1棵、猪绞肉200g、青蒜1棵、香葱1棵、老姜1片、绍兴黄酒2茶匙、老抽2茶匙、生抽1汤匙、香醋1茶匙、白砂糖1茶匙、盐适量、油适量

❍ 做法

1- 冬笋去壳，放入小锅中，加入没过冬笋的水，大火煮开后再煮5分钟，捞出晾凉切成细丝。

2- 香葱和老姜分别切碎，青蒜切成丝备用。

3- 炒锅中注入油，大火加热至五成热，放入葱姜末煸香，然后放入猪绞肉翻炒至变色，烹入黄酒、老抽和生抽翻炒均匀，再沿锅边烹入香醋，放入笋丝和青蒜丝翻拌均匀，调入白砂糖和盐炒匀熄火。

4- 把馅料晾凉后放入春卷皮，包成春卷坯备用。

5- 平底锅中注入适量油，中火加热至五成热，放入春卷坯煎制。一面焦黄后翻面，把两面都煎成金黄色即可。

◀薄荷鲜虾越南春卷

炸豆腐春卷▶

薄荷鲜虾越南春卷

❍ 用料

越南春卷皮 12 张、绿豆粉丝 1 小把、海虾 12 只、薄荷叶 1 小把、绿豆芽 100g、朝天椒 1 个、鱼露 2 汤匙、白砂糖 2 茶匙、柠檬汁 1 汤匙

❍ 做法

1- 粉丝用冷水浸泡回软。煮一锅开水，放入粉丝煮熟，捞出后迅速放入冷水中过凉备用。
2- 海虾洗净，挑去虾线，氽烫至熟后去壳备用。
3- 绿豆芽掐掉豆子和根须，只留白色的茎。朝天椒切碎。薄荷取叶，洗净备用。
4- 鱼露、柠檬汁、糖和朝天椒混合在一起做成调料汁备用。
5- 取一张越南春卷皮，用温水擦拭，回软后在春卷皮中放入粉丝、海虾、绿豆芽和薄荷叶，卷起成一个卷，蘸调料汁食用。

炸豆腐春卷

❍ 用料

越南春卷皮若干、北豆腐 1 块、豌豆苗 1 把、红葱头 1 个、粉丝 1 小把、五香粉 1/2 茶匙、盐少许、是拉差酱 2 汤匙、油适量

❍ 做法

1- 北豆腐切成 1.5cm 见方的小块，加入少许盐和五香粉抖匀。豌豆苗洗净，去掉老根。红葱头去皮，切成细丝。粉丝煮熟，过凉备用。
2- 取一个深锅，注入足量油，中火加热至六成热，放入豆腐块炸至表皮金黄，捞出控油。
3- 取一张越南春卷皮，用温水擦拭，回软后放入豌豆苗、粉丝、豆腐块和少许红葱头丝，卷起制成春卷，蘸是拉差酱食用。

Smoothie，音译思慕雪，非常美的名字，怎么听都比奶昔高大上且充满浪漫情怀。然而，名字并不能让 Smoothie 与奶昔划清界限，从本质上说，它们的确是两种不同的东西。在欧美国家，奶昔的英文名字其实是 milk shake。

milk shake 诞生于1922年的美国芝加哥。一位冷饮店的员工一次无意间随手将牛奶和冰激凌调配在一起，竟然勾兑出一种奇妙的甜品。而这种甜品逐渐发展，最终风靡全球，这就是奶昔。想象一下，炎热的夏日里，一杯冰凉的奶昔，吮吸一口，那香浓的口感、甜蜜的味道，马上能平衡掉不少暑气。严格意义上讲，奶昔在很多时候都会添加冰激凌，是甜品的一种，它并不刻意强调或者考量健康因素。而思慕雪则不同，思慕雪起源于 20 世纪 70 年代的美国，到 90 年代之后逐渐盛行。思慕雪强调一种健康的饮食概念，它被称之为杯中的健康食品，同时也可以理解为一种富含维生素的饮料。它更贴近营养学中“每天 5 种水果”的要求，甚至有不少女性将其用作代餐。思慕雪的主要成分是新鲜或冰冻的水果，用搅拌机打碎后加上碎冰、果汁、雪泥、乳制品等，混合成半固体的饮料。这种饮料类似沙冰，但是与沙冰不同的是它的主要成分为水果，而且它选择的乳制品多为豆奶、椰奶、杏仁奶等植物性乳制品。

总而言之一句话，Smoothie 还真不是那杯普通的奶昔。如此健康的饮品，目前国内却鲜少有店铺售卖，那么，不如自己来做吧！即便是蓝带毕业的专业级厨师，也无法给出标准的 Smoothie 配方。这是一种充满了创意和个性的饮品，自己动手制作时，需要的只是将自己喜爱的蔬菜和水果混合在一起，并期待它们组合在一起的独特味道！

Smoothie

-

我才不是那杯普通的奶昔！

文 | 潘晴

羽衣甘蓝思慕雪

✻补充钙质、维生素

羽衣甘蓝在欧美一度被称之为超级食物，原因是它除了富含维生素之外，更蕴含着丰富的钙质，几乎是所有蔬菜中钙质含量最高的菜品。

-

❍ **用料**：豆浆 1 杯、羽衣甘蓝叶 1 杯、冷冻芒果 1/2 杯、香草蛋白粉 1 匙、螺旋藻粉 1/2 茶匙、牛油果 1/2 个

❍ **做法**：所有水果去皮去核，然后切成小块。所有食材都倒入搅拌机中，搅打至顺滑。

能量早餐思慕雪

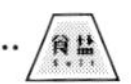

✻能量代餐，元气满满

蛋白粉满足了身体对蛋白质的需求，菠萝能瞬间为大脑提供能量。如果早晨实在是来不及吃早餐，那么就喝一杯吧！

-

❍ 用料：无糖杏仁奶 1 杯、新鲜菠菜 1 小把、香蕉 1/2 根、亚麻籽少许、奇亚籽少许、蛋白粉 25g、菠萝 1/4 个

❍ 做法：菠萝去皮切成小块，香蕉切块，菠菜洗净沥干水分；将所有食材倒入搅拌机，搅打至菠菜叶颗粒完全消失，液体变得非常顺滑。

红心火龙果思慕雪

✻排毒轻体，超模最爱

主料红心火龙果带来丰富营养及漂亮的颜色，其他配料可以自由发挥，到目前为止，冻香蕉和红心火龙果被认为是最佳 CP。

-

❍ **用料**：无糖香草杏仁奶 1/2 杯、红肉火龙果 1/2 个、冻香蕉 1 根、冻芒果 1/4 个、粗粒杏仁酱 1/2 茶匙、香烤杏仁 1 匙、奇亚籽 1 匙

❍ **做法**：火龙果、冻芒果切成小块，冻香蕉切片。将切好的水果与杏仁奶、杏仁酱一起倒入搅拌机中，搅打至无颗粒的顺滑状，再倒入杯中，上面撒上奇亚籽和烤杏仁。

Tips salt

冷冻水果最好先去皮，直接冷冻果肉。

生姜肉桂思慕雪

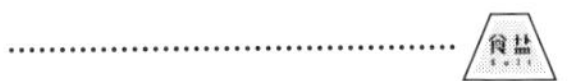

✻祛除寒气，调理脾胃

别看这是一道冷饮，但加入了温热的生姜、肉桂和红枣，能起到祛除寒气，加速新陈代谢的作用。红枣还能调理脾胃。

-

❍ 用料：无糖豆浆 3/4 杯、冻香蕉 1 根、胡萝卜 1 根、香草蛋白粉 1 匙、肉桂粉 1/2 茶匙、姜末 1/4 茶匙、红枣 5 颗、冰块 1/2 杯、椰子粉 1 茶匙

❍ 做法：① 香蕉、胡萝卜切小块，红枣去核切小块备用。② 将做法 1 中处理好的食材与豆浆、冰块、姜末、肉桂粉和香草蛋白粉一起倒入搅拌机中，搅打至顺滑。③ 可根据自己喜好的浓稠度，斟酌是否添加适量水或牛奶。充分搅打均匀之后，倒入杯中，再撒上一些椰子粉。

甜木瓜橘子思慕雪

✻消化蛋白，健脾消食

木瓜中的木瓜蛋白酶，可将脂肪分解为脂肪酸，有利于人体对食物进行消化和吸收，故有健脾消食之功。

-

◑ 用料：甜木瓜半个、橘子 1 个、草莓 2~3 个、酸奶 1 杯

◑ 做法：木瓜去皮去籽切成小丁，橘子取果肉，然后和其他食材一起倒入搅拌机，搅打至顺滑。

非常莓好思慕雪

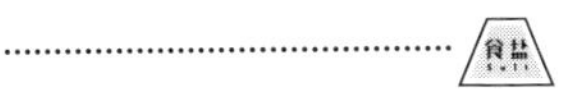

✲不同莓果，同样美好

莓果最为人津津乐道的营养价值就是其“美容养颜”的功效，不同莓果的营养价值也不尽相同，一杯综合莓果思慕雪会带来非常美好的享受。

-

❍ 用料：牛奶 1/2 杯、冷冻黑莓 1/2 杯、冷冻草莓 1/2 杯、冷冻树莓 1/2 杯、香草蛋白粉 1 匙、希腊酸奶 1/4 杯、亚麻籽 1/2 茶匙、麦片和坚果碎各少许

❍ 做法：将除了麦片和坚果碎之外的所有材料都倒入搅拌器中，搅打至顺滑后倒入杯中，在上方撒上麦片及坚果碎即可。

香蕉莓果思慕雪

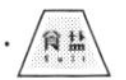

✻口感清爽，提振精神

香蕉带来甜蜜蜜的口感，同时为身体提供了能令人心情愉悦的钾元素。薄荷的清新感觉则直通大脑。

-

❍ 用料：豆浆或牛奶 1 杯、冻香蕉 1 根、冻草莓 1/2 杯、冻树莓 1/2 杯、杏仁酱 1 匙、薄荷叶 5 片

❍ 做法：香蕉切片，与其他食材一起倒入搅拌机，搅打至顺滑。

Tips salt

建议稍微放些冰水，可以令这款思慕雪变得更轻盈，也能使你更好地享受薄荷叶带来的清凉感。

百香思慕雪

✻香味独特，释放压力

喜欢百香果的人，一定会迷恋上它独特的香味。百香果是天然的镇静剂，能缓解焦虑的情绪，令人精神松弛。

-

❍ 用料：芒果半个、百香果 1 个 、菠萝 5 小块、橙 3~4 个、牛奶 1/2 杯

❍ 做法：① 用 3~4 个橙子挤出新鲜橙汁，芒果切粒。想喝冰的思慕雪可以先把芒果粒和菠萝块冷冻。② 百香果连汁带籽挖出来放入搅拌机，加入芒果、菠萝、橙汁和牛奶搅打 2~3 分钟至顺滑。

肌肉重建思慕雪

✻健身之后，能量补充

这款思慕雪在一些欧美的健身房中均有提供，供客人健身之后补充能量时饮用。加入乳清蛋白粉，可以帮忙构建肌肉。

-

❍ 用料：无糖杏仁奶 1 杯、杏仁油 1 匙、新鲜菠菜 1 小把、香蕉 1 根、乳清蛋白粉 25g

❍ 做法：菠菜洗净，香蕉切片后，将所有材料倒入搅拌机，搅打至顺滑。

凤梨牛油果思慕雪

✻香甜浓郁，活力复原

凤梨富含纤维和糖分，其甜蜜总是让人难忘。午后小饥饿，用这样一杯思慕雪来对抗再合适不过了。

-

❍ **用料**：成熟牛油果 1 个、凤梨 1/4 个、水 2 杯半、生杏仁 1 把、海盐少许、干辣椒 1 个

❍ **做法**：将牛油果去皮去核，切成块。凤梨去皮，切块。将所有食材倒入搅拌机，搅打至顺滑，倒入杯中即可。

双色奇异果思慕雪

✻变美变瘦，最佳饮品

奇异果的维生素C含量超群，水溶性膳食纤维能促进肠胃蠕动，所以是减肥人士的必备食材。

-

❍ 用料：黄金奇异果 1 个、绿奇异果 1 个、苹果半个、香蕉半根、酸奶 1 杯、牛奶适量

❍ 做法：① 取少量黄金奇异果和绿奇异果切成薄片，交错着贴在玻璃杯内壁上。② 将剩余的奇异果切块，与一半酸奶一起倒入搅拌机，搅打成泥状。一半奇异果泥倒入装饰好的玻璃杯，另一半倒入另一个杯子中备用。③ 将香蕉、苹果切成小丁与剩余的酸奶和牛奶一起倒入搅拌机，搅打顺滑，缓慢倒在奇异果泥上方，然后把备用的奇异果泥倒入。④ 在杯子上方装饰做法 1 中切好的两种奇异果薄片。

DIY终极提示

✻ 制作 Smoothie 不需要菜单，只需要将自己喜欢的蔬果搭配上自己喜欢的奶制品混合即可。

✻ 所有文章中提及的冷冻水果，均可换成新鲜的水果。

✻ 喜欢清凉的口感，却不想食用太多冰块的话，可以将香蕉或者新鲜的莓果提前一天放入冷冻室冷冻，第二天用来制作思慕雪，可替代冰块营造的清凉口感。

✻ 坚果、水果丁、各种粉类，统统可以作为装饰物添加。这些食材的添加，能为思慕雪增加饱腹感，令其更好地发挥代餐的作用。

✻ 因为是健康饮品，不建议加糖来调配。如果觉得口感欠佳，可以适当添加蜂蜜。

✻ 是加入清水，还是用牛奶来调配，完全看个人喜好。如果觉得思慕雪太过浓稠，即可加入，如果想直接用其作代餐，那么可以不加。

blendtec

blendtec
95cl
85cl
75cl
65cl
55cl
45cl
35cl
25cl
15cl
1000ml
900ml
800ml
700ml
600ml
500ml
400ml
300ml
200ml
100ml

各类莓果

各类莓果最为人熟知的是它们“养颜美容”的效果，女性多吃可以调理气色、帮助抗老。莓果也正是因其卓越的美容、促进代谢的功效，成为国外营养学家强力推荐的水果。而关于各类莓果，早有过不少相关研究，包括新鲜蓝莓有助于降低罹患糖尿病的概率，覆盆子可以促进男性精子活跃度，草莓能维持口腔健康等，且几乎所有莓果都具有抗氧化、提升免疫力的保健功效。莓果中富含的维生素还是帮助身体伤口愈合的重要营养素。

食盐
SMOOTHIE
-
思慕雪

奇异果

国外有统计数据显示，全球消费量最大的26种水果中，奇异果的营养含量最充分和均衡。其维生素C含量在水果中名列前茅，一颗奇异果能提供一个人一日维生素C需求量的两倍以上，被誉为“水果之王”。奇异果还含有良好的可溶性膳食纤维，作为水果最引人注目的地方当属其所含的具有出色抗氧化性能的植物性化学物质SOD。据美国农业部研究报告称，奇异果的综合抗氧化指数在水果中可谓名列前茅。

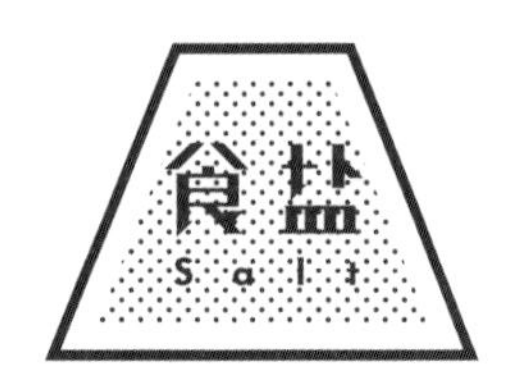

奇亚籽

奇亚籽绝对是目前最当红的营养食物。它原产于墨西哥海拔1200米的高原。若要问及它的渊源，就要追溯至3500年前的墨西哥。现在奇亚籽是美国FDA认证的安全食品，也是欧盟立法确认的面包添加成分。它富含的营养成分丰富到了让人不知从何说起的地步。

牛油果

牛油果果肉为黄绿色，味如牛油，被称为“森林的黄油”。其果肉含有多种不饱和脂肪酸，所以有降低胆固醇的功效，另外牛油果所含的维生素、叶酸对美容保健等也很有功效。牛油果质地柔滑，味道甘美，富含各类维生素、矿物质、健康脂肪和植物化学物质。有些人认为牛油果脂肪含量很高，不敢放心大胆地吃，其实，牛油果中富含的有益的不饱和脂肪酸，能减少低密度脂蛋白胆固醇，降低患心脏病的风险。牛油果果肉含糖量极低，为香蕉的1/5，是糖尿病患者难得的高脂低糖食品。

百香果

百香果之所以名为“百香”是因为它能散发出香蕉、菠萝、柠檬、草莓、番桃、石榴等多种水果的浓郁香味，在国外有“果汁之王”的美誉。研究显示：百香果果汁中有165种化合物，构成了其特殊香味。中医研究食疗方面的专家也指出：天然百香果对人的中枢神经系统具有复杂的作用，有全面神经安定的功能。它能够舒缓焦虑紧张、抑郁寡欢、神经紧张引起的头痛，其果汁还有生津止渴、提神醒脑、帮助消化、化痰止咳、治肾亏和滋补强身的功能。

我就是这样的

-

“Smoothie”

纤体，轻食福利

文 | 杨慧

太多的脂肪和毫无意义的蛋白质正是当下饮食的特点，营养学者开始在自然界中为我们寻找新的纤体食物。植物的花朵、果实，甚至根茎、种子都被重新认识。这些带着大自然营养密码的食物，到底神奇在什么地方，会给我们的身体带来怎样的变化？

迷你鹰嘴豆汉堡

❍ 用料

小汉堡坯3个、罐头鹰嘴豆1/2罐、孜然粉1小撮、大蒜粉1小撮、盐5g、五香粉少许、蛋黄酱3汤匙、植物油适量、面粉适量、芝士片3片、番茄3片、生菜叶3片

❍ 做法

1- 鹰嘴豆略微沥干，放入搅打器，打碎后加入孜然粉、蒜粉、盐和五香粉，拌匀。搅打后的鹰嘴豆泥可以不用太细。

2- 鹰嘴豆泥中加入面粉，拌匀后，拍成和迷你汉堡坯大小相似的饼状。

3- 烤箱预热200摄氏度，在锡纸上面涂油，之后放上鹰嘴豆饼，烤制大约20分钟（根据饼的大小而定）。

4- 烤好的鹰嘴豆饼与芝士片、番茄片、生菜叶一同夹入迷你汉堡坯中，中间涂抹蛋黄酱，最后用牙签定型即可。

牛蒡焖饭

用料

大米1杯、牛蒡1/4根、胡萝卜1/2根、金针菇1把、平菇200g、葱花少许、酱油1汤匙、味淋1汤匙、盐1/2茶匙

做法

1- 牛蒡去皮，用小刀像削铅笔一样斜着片下牛蒡丝。平菇和金针菇分别撕成丝，和牛蒡丝一起摊开晾一晚，让它们稍稍变干，这样风味更加浓郁。

2- 大米淘洗干净，浸泡30分钟，捞出沥干。用1杯水浸泡牛蒡丝、平菇丝和金针菇丝。胡萝卜切丝备用。

3- 先把大米放入砂锅，倒入浸泡蘑菇的水，再放入蘑菇丝、牛蒡丝和胡萝卜丝，倒入酱油、味淋，撒上盐。

4- 盖好砂锅，先用大火加热，开锅后改成小火继续焖煮15分钟熄火。打开锅盖迅速翻拌一下米饭，撒上葱花作为点缀，就可以享用了。

奇亚籽泡乳达

用料

蝶泉冰牛奶（或者自己喜欢的牛奶）250ml、面包干2~3片、椰丝1小撮、蜜红豆1茶匙、奇亚籽1茶匙、白糖1汤匙、冰粉1勺

做法

1- 将面包干掰成小块，备用。

2- 奇亚籽提前用水或者直接用牛奶泡好。奇亚籽会在浸泡之后微微发涨，变得有些透明。

3- 将白糖和水搅拌在一起，混合均匀。

4- 小火熬煮白糖水，直到糖水变稠，微微呈现黄色即可。

5- 冰粉按包装说明的比例用水冲调好，晾凉切块备用。

6- 将冰粉、泡好的奇亚籽、晾凉的糖水和冰牛奶调在一起，吃的时候撒入面包干和蜜红豆、椰丝即可。

树莓软糖

用料

软糖专用苹果果胶 6g、树莓 190g、白砂糖 140g、葡萄糖浆 40g、柠檬汁 15g

做法

1- 取 20g 白砂糖，和苹果果胶混合均匀备用。

2- 树莓打成果泥，用筛网过一遍，倒入锅中，小火加热。

3- 待果泥达到 40 摄氏度的时候，倒入砂糖和果胶的混合粉，搅拌均匀。

4- 继续小火加热，感觉果泥将要沸腾时，倒入剩余的白砂糖和葡萄糖浆，搅拌均匀。

5- 继续小火加热，注意这次加热一定要将果泥加热到 105 摄氏度，温度一定要够，否则不容易成型。

6- 温度达到后，离火，迅速倒入柠檬汁，搅拌均匀。

7- 迅速将搅拌好的果泥倒入模具中，糖在 1 小时左右就会基本定型。做好的果糖可以存放大约 1 周，喜欢的话还可以在果糖外面滚上一层糖粒，这样会更好看。

养乐多石榴汁

用料

石榴 1 个（红籽或者粉籽都可以）、养乐多 1 瓶、冰块适量、苏打水适量

做法

1- 将石榴籽剥出，留一小把，剩下的放入原汁机榨成石榴汁。

2- 杯中放入冰块，加入四分之一杯的养乐多，倒入一些苏打水，之后加满石榴汁，撒上石榴籽即可。

综合椰子油沙拉

❍ 用料

罗马生菜1小棵、牛油果1个、熟鸡胸肉1小块、车达奶酪1小块、八分熟鸡蛋1个、小番茄8个、熟培根2片、洋葱1小块、椰子油适量、黑胡椒粉适量、海盐适量

❍ 做法

1- 将除了椰子油、海盐、黑胡椒粉之外的所有原料分别切成小块。然后码放在平盘（或者便当盒）当中。
2- 最后撒上黑胡椒粉、海盐，淋上椰子油即可。

健康食材 123

01 牛蒡
胡萝卜素完胜胡萝卜

牛蒡对于亚洲人来说是比较常见的食材，而对于欧美国家来说，牛蒡就不那么多见了。牛蒡在日本被称为“蔬菜之王”，在众多蔬菜中脱颖而出。其实不用看其他指标，光胡萝卜素这一项，同等重量的牛蒡就要比胡萝卜高出200多倍，这可不是小数目。牛蒡还被认为是壮阳的优质食材，也可以用来控制血脂，通便润肠。牛蒡做好了，其实是很好吃的，不信你可以试试前面的菜谱。

◀牛蒡

◀奇亚籽

树莓▶

02 奇亚籽
减少对于糖的渴望

奇亚籽是真正被欧美人称为“超级食物”和“超能食品”的食材，据说半两的奇亚籽就含有人体每日所需的9%的蛋白质、18%的油脂以及42%的膳食纤维。磷、镁、钙、钾的含量也令人称赞，甚至等量的奇亚籽中含有的Omega-3比鲑鱼还多，这也是地中海地区的居民长寿的原因之一。奇亚籽对于瘦身的人来说更是一道福音，其具有的超强吸水特性，可以加速肠胃蠕动，还能让人产生饱腹感。饮食专家认为奇亚籽能够减少人们对于糖类物质的渴望，简直太完美了，不是吗？

03 树莓
浆果皇后

有了蔬菜之王，自然也要有“皇后”，树莓就是皇后级的食材。皇后嘛，自然就要美美哒，树莓中富含的SOD是超氧化物歧化酶的简称，这种酶被营养学者认为是生命科技中最神奇的酶，是可以帮助身体清理掉自由基的首要物质。人体中的垃圾毒素通常需要SOD的加入才能被消解掉，所以如果想解清毒素、保持美丽的话，自然树莓可以吃起来了。

04 鹰嘴豆 让嘴巴很满足

-

很多人的素食体验都是从鹰嘴豆开始的，原本很多抱怨素餐吃不饱、不过瘾的人，也纷纷在鹰嘴豆的美味调剂中得到了满足。自从低脂高蛋白食物的排行榜中增加了鹰嘴豆一项之后，人们发现自己的饮食选择大大增加了。营养学者将鹰嘴豆视为高营养谷物，无论从种类上，还是从数量上，都大大超过其他豆类作物。鹰嘴豆中的蛋白质均是优质的球蛋白，氨基酸品类齐全，高达 18 种，因此被人们称为“豆中之王”。

◀椰子油

05 椰子油 健康新宠

-

椰子油绝对是目前健康达人的新宠！安吉丽娜·朱莉的早餐里就有它，詹妮弗·安妮斯顿用它控制体重和提高新陈代谢。澳洲超模米兰达·可儿产后迅速瘦身据说也是椰子油的功劳，她坦言自己会将椰子油加入到沙拉、蔬果甚至绿茶中食用。米兰达·可儿每天至少 4 汤匙椰子油的用量实在不是小数，如果是传统的油脂可能很多人会担心身体因此产生负担，但是椰子油中含有的脂肪酸——中链甘油三酸酯，可以促进人体新陈代谢，轻松将脂肪转化成能量，发胖的问题自然不必担心了。

红石榴▶

06 红石榴 在雾霾中绽放

-

提到抗氧化这个词，红石榴是绕不开的话题。如今许多化妆品牌都推出了红石榴精华的系列产品，正是认识到了红石榴在抗氧化界的权威实力。原本人们对于抗氧化的认识是补充维生素 E，而今发现红石榴的抗氧化性也是不容小觑的。红石榴可以抵抗氧化、消炎保湿，甚至可以给你提供“女性荷尔蒙”——类黄酮，哇，还要求什么呢?

简单周末

终于有一个轻松的周末，没有闹钟，没有行程，只有三两好友，伴着如雾般轻柔的音乐，用最简单的方法烹制轻巧美味，让轻食带来的懒洋洋的随意感成为整个周末的主题。

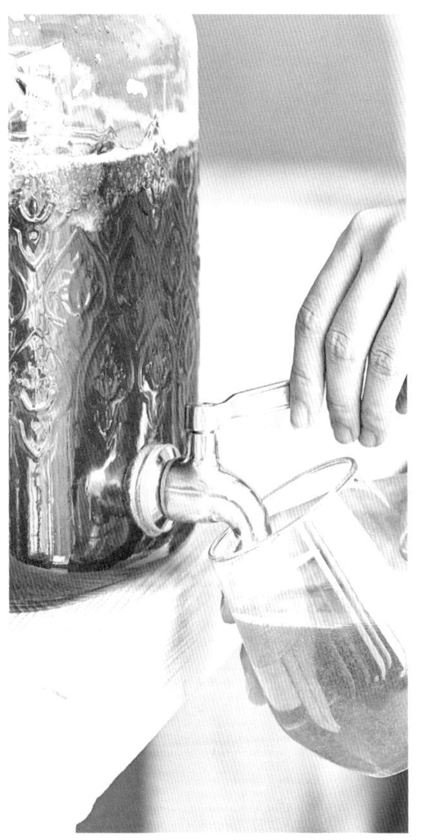

草莓丛林

用料

草莓 500g
白葡萄起泡酒 1 瓶（750ml）
气泡矿泉水 1 瓶（750ml）
白砂糖 250g
水 1/2 杯
迷迭香 2 把
冰块适量

做法

1- 草莓洗净去蒂，一部分留作装饰用。剩余的切成小块，放入锅中，加入白砂糖和水大火煮沸，再转小火继续熬煮 8 分钟，放置冷却滤出汤汁冷藏备用。

2- 把草莓汁、起泡酒、气泡水、草莓、迷迭香、冰块放入一个罐中，混合均匀即可。

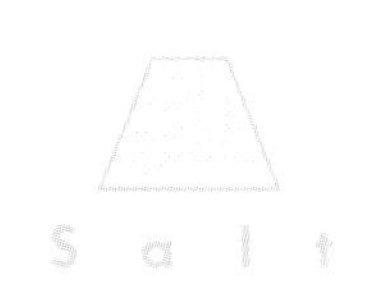

牛油果蚕豆瓣泥和玉米片

❍ 用料

成熟牛油果 1 个、嫩蚕豆瓣 1 把、罗勒叶 1 把、橄榄油 2 汤匙、海盐 1 小撮、蒜 3 瓣、柠檬 1 个、甜红椒粉、玉米片 1 大碗

❍ 做法

1- 蚕豆瓣煮熟，放入冷水过凉，留一汤匙完整豆瓣，其余放入食品料理机，加入蒜、柠檬汁、橄榄油打成泥。

2- 牛油果挖出果肉用勺子碾成泥，和切碎的罗勒叶一起与蚕豆泥混合均匀。

3- 剩余的豆瓣略捣碎，和盐一起加入牛油果豆瓣泥中，最后淋上 1 茶匙橄榄油，撒上甜红椒粉，用玉米片蘸食。

BISCUITS
DIGESTIVE
WHEATMEAL

冰激凌三明治

❍ 用料

消化饼干 12 片
抹茶冰激凌 1 碗
芒果冰激凌 1 碗
浓稠酸奶 3 杯
蜂蜜少许
坚果（开心果和扁桃仁）少许

❍ 做法

1- 抹茶冰激凌和芒果冰激凌常温放置片刻，略软化后分别加入坚果碎大致搅拌。
2- 取两片消化饼干，中间夹上厚厚的冰激凌，在外侧再蘸少许坚果碎。把所有消化饼干都处理好后，放入冰箱冷冻两小时。
3- 酸奶倒入杯中，顶端撒少许蜂蜜，和冰激凌三明治一起上桌。

西蓝花松子全麦比萨

❍ 用料

西蓝花 1/2 棵
松子 1 把
盐渍橄榄 1/2 碗
柠檬皮屑 1 汤匙
大蒜 2 瓣
里科塔芝士（ricotta）适量
嫩菠菜叶 100g
橄榄油 4 汤匙
全麦面粉 300g
干酵母 1/2 茶匙
温水 150ml
白砂糖 1 茶匙
盐 1 茶匙

❍ 做法

1- 把酵母和白砂糖放入温水中搅拌均匀，静置 5 分钟，直至产生气泡。把酵母水和全麦面粉放在一个大碗中混合均匀，加入盐和两汤匙橄榄油，揉成一个光滑的面团，盖上湿布醒发 45 分钟（若室内温度较高可适当缩短发酵时间）。

2- 烤箱预热至 200 摄氏度。同时把西蓝花洗净掰成小朵，蒜压成蒜泥，橄榄切成片备用，菠菜叶洗净控干。松子放在干净平底锅中，小火焙烤至香气四溢。

3- 把西蓝花、蒜泥、柠檬皮屑、橄榄片和两汤匙橄榄油放在碗中拌匀。发酵完成的面团分成两份，擀平后放在烤盘中的烘焙纸上。在面饼上铺上西蓝花混合馅料，送入烤箱烤 15 分钟。

4- 出炉后在比萨上撒上松子、里科塔芝士碎和菠菜叶即可上桌。

DIGESTIVE

烤土豆甘蓝

❍ 用料

土豆 800g
紫甘蓝 300g
蒜 2 瓣
蜂蜜 1 汤匙
盐 1/2 茶匙
黑胡椒碎 1/2 茶匙
橄榄油 1 汤匙
黑芝麻 1/2 汤匙
海苔 1 片

❍ 用料

1- 土豆洗净，切成薯角备用。蒜切碎。紫甘蓝洗净沥干，切丝备用。海苔剪成细丝。
2- 烤箱预热至 180 摄氏度。把薯角、蒜末、盐、黑胡椒碎、蜂蜜和橄榄油拌匀，平铺在烤盘中的烘焙纸上，送入烤箱烤 20 分钟。
3- 烤土豆的时候，在紫甘蓝丝中加入少许橄榄油、盐和黑胡椒碎，拌匀。土豆烤制 20 分钟后将紫甘蓝撒在土豆表面，送入烤箱继续烘烤 10 分钟。
4- 出炉后撒上黑芝麻和海苔丝即可上桌。

木瓜沙拉

❍ 用料

青木瓜 1/4 个
豇豆 2 根
樱桃番茄 3 个
红葱头 2 个
朝天椒 2 个
青柠 1 个
蒜 2 瓣
海米 1 汤匙
花生仁 1 小把
鱼露 1 汤匙
白砂糖 1 汤匙
薄荷叶少许

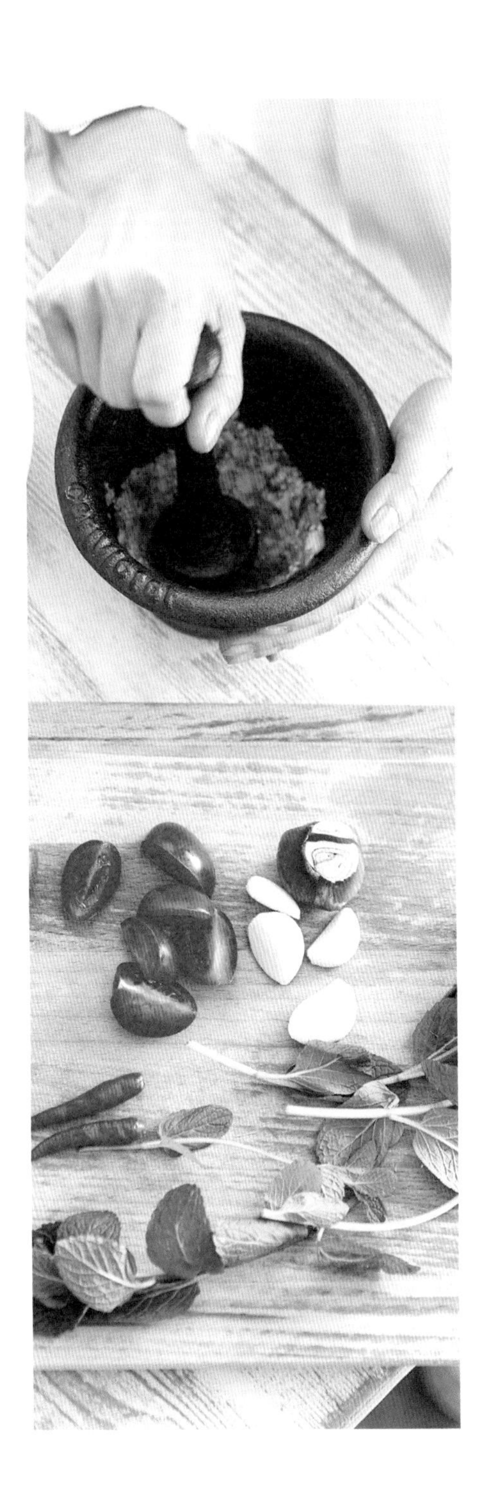

❍ 做法

1- 青木瓜去皮，刮成细丝放入冰水中浸泡备用。豇豆洗净切成寸段，煮熟放入冰水备用。一个红葱头切丝，另一个切碎备用。辣椒切小块备用。

2- 海米放入干净平底锅，用小火炒至酥脆金黄。花生也用同样的方法进行处理。

3- 在石臼中放入辣椒、蒜、海米、红葱头碎和一半的花生仁，用力捣成泥状，加入鱼露、青柠汁和白砂糖搅拌均匀。

4- 木瓜丝和豇豆段捞出沥干，和红葱头丝拌匀后放入盘中，加入切瓣儿的樱桃番茄，淋上调味料，最后装饰薄荷叶即可。

煮虾串配葱香汁

用料

基围虾（大）400g
香葱 2 棵
姜 3 片
朝天椒 1 个
生抽 2 汤匙
绍兴黄酒 1 汤匙
白砂糖 1 汤匙
香醋 1 茶匙
蒜 1 瓣
芝麻香油 1 茶匙
油 1 汤匙

做法

1- 基围虾洗净，用竹签穿好备用。1 棵香葱、1 片老姜、蒜、朝天椒分别切碎放入碗中，加入生抽、绍兴黄酒、醋、白砂糖和芝麻香油混合均匀。
2- 炒锅里注入油，大火加热至七成热，淋在调味汁里。
3- 烧开一锅水，放入 1 棵香葱（打结）和两片姜，放入虾煮熟捞出控干，和调味汁一起上桌。

莳萝盐渍三文鱼

用料

三文鱼柳 500g
莳萝叶 1 把
白砂糖 1 汤匙
海盐 1 茶匙
黑胡椒碎 1 茶匙
杜松子酒 2 汤匙
橄榄油 2 汤匙
菲塔芝士 100g

做法

1- 三文鱼柳洗净，用厨房纸巾抹干。淋杜松子酒擦匀，然后把白砂糖、盐和黑胡椒碎均匀地擦在鱼肉上。
2- 莳萝叶切碎，在鱼柳上满满地铺上，然后淋上橄榄油，用保鲜膜包裹好放入冰箱冷藏过夜。
3- 取出三文鱼柳，片成片装盘。鱼肉上放上菲塔芝士块，淋少许橄榄油，最后再撒一些新鲜莳萝叶做装饰即可。

辣酒蒸青口

用料

青口贝 1Kg
香葱 1 棵
姜 1 片
红辣椒 1 个
香菜 1 小把
绍兴黄酒 1 杯
XO 酱 2 汤匙
海盐 1 小撮

做法

1- 青口贝洗净，沥干。香葱切小段，姜切丝，红辣椒斜切成片。
2- 把青口贝放入煮锅中，淋上一杯绍兴黄酒，然后均匀地淋上 XO 酱，撒上葱段、姜丝、辣椒片和海盐，盖好锅盖。
3- 中火加热至沸腾，再改成中小火蒸煮至青口贝开口，撒上香菜叶即可上桌。

芦笋鸡汤

用料

芦笋 1 把
鸡胸肉 1 小块
罐装清鸡汤 1 罐
蒜 1 瓣
橄榄油 1 茶匙
淡奶油 1/2 杯
黄油 40g
面粉 40g
海盐 1 撮
红辣椒碎少许

做法

1- 芦笋洗净去掉老根，切成小段备用。蒜切碎备用。鸡胸肉加盐煮熟备用。
2- 煮锅中放入黄油，小火融化，然后加入面粉搅拌成糊状，再加入鸡汤，搅拌至颗粒消失。
3- 鸡汤沸腾后放入芦笋和蒜末煮至芦笋熟透，连汤带芦笋移入食品料理机打成泥状。
4- 把芦笋浓汤倒回锅中继续加热至合适的浓稠度，调入淡奶油和海盐煮沸。
5- 把汤盛入碗中，放入撕成小块的鸡胸肉，然后点缀红辣椒碎，淋少许橄榄油即可。

甜丝丝

文 & 图 | 包子　菜品制作 | 任老师

中式点心在大家的印象里都是样貌传统，味道浓重的，在提倡轻食的时代，中式点心也要轻盈起来。

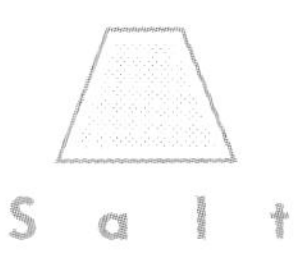
S a l t

亭亭玉立的荷花和花间嬉戏的蜻蜓，
在品尝到这款荷花包时脑海中立刻浮现了这样的画面。

荷花包

用料

低筋面粉 150g
即发干酵母 2g
泡打粉 2g
糖 8g
水 80ml
红色食用色素少许

馅料用料

白莲蓉 120g

做法

1- 把低筋面粉、酵母、泡打粉和糖混合均匀，加入 80ml 水（35 摄氏度为宜），搅拌均匀后揉搓成光滑的面团。
2- 把面团分成 20g 一份的小面团。取一个小面团擀平成圆皮，包入适量白莲蓉馅，搓圆后封口向下放入蒸笼。
3- 所有生坯都包好后放在蒸笼里醒发 45 分钟，再送入蒸锅大火蒸 8 分钟。
4- 取出包子，把表面光皮剥掉。
5- 用剪刀按照荷花的造型剪出花瓣形状。
6- 将少许红色素溶于水中，用牙刷蘸色素水，弹在荷花包顶端即可。

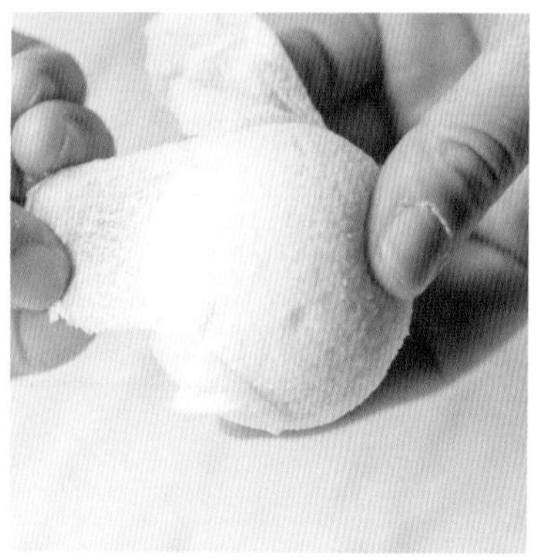

海棠的迷人之处就在于花瓣尖的一抹红艳，含苞时绯红如少女的脸颊，盛放后却淡淡的只剩一丝粉色，随风摇曳。

海棠酥

用料

红色食用色素少许
油适量

油酥用料

低筋面粉 100g
熟猪油 50g

水油皮用料

精制面粉 150g
熟猪油 20g
水 50ml

馅料用料

红枣 200g

做法

1- 红枣浸泡一夜，蒸熟后去核，用破壁机打成泥状备用。
2- 水油皮用料和油酥用料分别搓成面团，留一小团水油皮用食用色素染成淡红色，其余的和油酥各分成 10 份，搓成圆球。
3- 水油皮擀成皮，包入一个油酥球，压扁后擀成牛舌状面片，然后从下向上卷起成一个筒状。
4- 筒状面团纵向按扁，擀成细长的面片，然后再次从下向上卷起，形成一个矮矮的筒状面团，把这个面团两头向中间捏，搓圆后压平，擀成面皮。
5- 面皮中包入适量枣泥馅，四边向中间聚拢，捏成六角形。
6- 用剪刀把花瓣顶端各向中心剪出一条窄边，把窄边向上翻起用镊子在中心捏紧。用红色面团搓出花芯，装饰在中心点，整体捏紧制成生坯。
7- 深锅中注入足量油，中大火加热至五成热，放入生坯，慢慢炸至酥皮分层，迅速捞出。

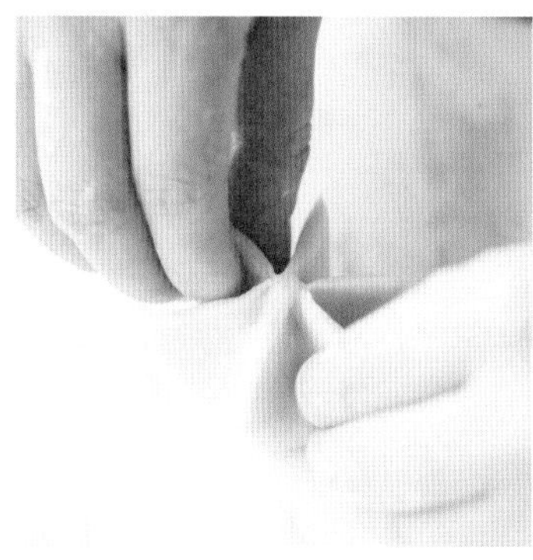

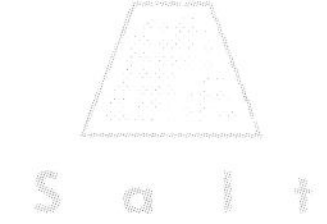

白莲酥

❍ 用料

食用油适量

油酥用料

低筋面粉 100g
熟猪油 50g

水油皮用料

精制面粉 150g
熟猪油 20g
水 50ml

馅料用料

奶黄馅 150g

❍ 做法

1- 水油皮用料和油酥用料分别搓成面团，各分成 10 份，搓成圆球。
2- 水油皮擀成皮，包入一个油酥球，压扁后擀成牛舌状面片，然后从下向上卷起成一个筒状。
3- 筒状面团纵向按扁，擀成细长的面片，然后再次从下向上卷起，形成一个矮矮的筒状面团，把这个面团两头向中间捏，搓圆后压平，擀成面皮（无须太薄）。
4- 在面皮中放入适量奶黄馅，包成圆球，收口向下放在桌上，用刀片在表面划出六等份。
5- 大火加热一口深锅中的油，五成热时放入生坯炸至开花即可。

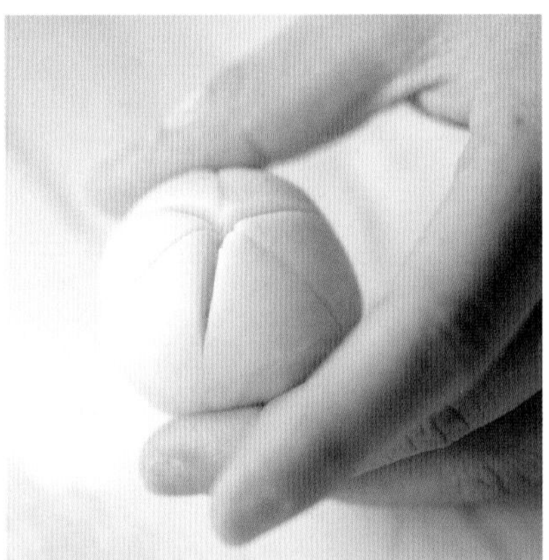

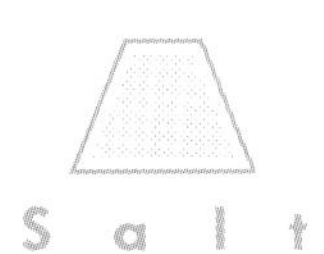

奶黄馅

❍ 奶黄馅用料

鸡蛋 150g、糖 120g、吉士粉 15g、黄油 60g、玉米粉 30g、低筋面粉 30g、牛奶 55ml、炼乳 80g

❍ 做法

1- 黄油隔水融化，和其他所有材料混合均匀，放入蒸锅蒸 10 分钟后调成小火。用打蛋器搅拌均匀，再蒸片刻，再次搅拌，如此反复 2~3 次，直至馅料凝结成团，取出略晾凉，用手揉搓细腻即可。

淡淡的甜香正如盛夏里白莲的清雅，含在口中仿佛置身荷塘，凉风习习，心旷神怡。

豆沙包也可以和仙气搭边儿，只需要点睛的一笔，小小仙鹤包就完成了。

仙鹤包

用料

面皮用料

低筋面粉 150g
即发干酵母 2g
泡打粉 2g
糖 8g
水 80ml

馅料用料

红豆沙 120g

装饰用料

可可粉少许
黑芝麻少许
枸杞 6 颗

做法

1- 把低筋面粉、酵母、泡打粉和糖混合均匀，加入 80ml 水（35 摄氏度为宜），搅拌均匀后揉搓成光滑的面团。

2- 把面团分成 20g 一份的小面团。取一个小面团擀平成圆皮，包入适量红豆沙馅，搓圆后封口向下放入蒸笼。

3- 剩余的面团擀成面片，用剪刀剪成一边宽一边窄的长条形围在豆沙包表面，做出仙鹤头部和脖子的造型。

4- 另取一小团面加入可可粉搓成小小的仙鹤嘴部的造型装在仙鹤头部前方。

5- 把泡发的枸杞剪出一小块装饰在头顶，用黑芝麻做成仙鹤的眼睛，一个仙鹤包生坯就完成了。

6- 所有生坯放入蒸笼盖盖醒发 40 分钟，送入蒸锅大火蒸 8 分钟即可。

水晶烧卖

用料

面皮用料

澄面 100g

沸水 150ml

生粉 110g

食用色素少许

馅料用料

青豆泥 120g

做法

1- 澄面中加入沸水，快速搅拌，趁热用力揉搓均匀，逐次加入全部的生粉，继续揉面，直至形成光滑的面团。

2- 操作台上抹少许生粉，面团搓成长条后分成小份，擀成圆形面皮。

3- 面皮中放适量青豆泥，周围向上聚拢，用拇指、食指和虎口部位帮助收口，做出烧卖的形状。

4- 用少许食用色素给余的面皮染色，搓成长条做成腰带装饰在烧卖上，放入蒸笼，大火蒸 4 分钟即可。

青豆泥

用料

青豆泥用料

甜豌豆 200g

色拉油 30g

白砂糖 100g

做法

1- 甜豌豆煮熟，去皮后用破壁机打成泥状。

2- 炒锅中注入油，放入豌豆泥和白砂糖中火翻炒至水分蒸发，成为较干的豆泥即可使用。

烧卖本是传统的中式点心，造型如此晶莹剔透，包入一簇青豆泥，真如翡翠白玉般惹人喜爱。

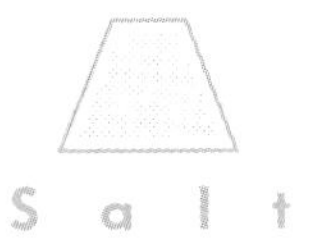

Salt

娇艳如绽放的水仙，轻柔的滋味让人心都柔软了起来。

水仙饺

用料

澄面 100g
沸水 150ml
生粉 110g
奶黄馅 110g
黄色和绿色食用色素各少许

做法

1- 澄面中加入沸水，快速搅拌，趁热用力揉搓均匀，逐次加入全部的生粉，继续揉面，直至形成光滑的面团。
2- 操作台上抹少许生粉，面团搓成长条后分成小份，擀成圆形面皮。
3- 在面皮中心放入适量奶黄馅，面皮边缘捏出褶皱后向中心折叠。
4- 把面皮一圈都折向中心，捏紧。
5- 取一小团面，用毛笔蘸少许黄色素在面团上轻轻抹一笔，然后揉匀，观察颜色，如有必要就再次添加色素，直至形成想要的颜色。用相同的手法再染一团绿色面团。
6- 用黄色面团和绿色面团分别作出花芯和叶子的形状，装饰在水仙饺顶端，送入蒸笼，大火蒸 4 分钟即可。

REBAKERY
STUDIO

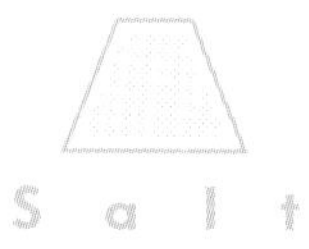
Salt

Rebakery
Studio

崇尚美的生活态度，以美为出发点创造出一个手作烘焙领域的网红教室，集合网红烘焙达人、生活美学家、具有海外背景的烘焙西点师、专业手作达人等各个现代生活方式里的领军人物，成为课堂的团队核心力量。

以“热爱生活、创造生活”的心邀请大家一起来手作，用热情点亮生活。课堂的标语是“让幸福生活从160度四溢”，因为160摄氏度是烘烤西点最适合的温度，希望人们用烘焙建立起更好的人与人的交流和沟通，用味觉打开彼此的心门。

任老师 ▶

Rebakery Studio 中点老师，资深面点技师

包子老师 ▶

设计师，生活美学家，烘焙达人，Rebakery Studio 品牌创始人

食盐

Salt

Living

ISSUE 01

轻食，因食而愈

居家 | HOME

旅行 | TRAVEL

探店 | WINDOW SHOPPING

轻食厨房 | KITCHEN

吾心安处即是家

-

文 & 图 | 杜克

两年前结的婚，之后就一直和妻子租住在县城老区的旧房子里。之所以没做买房置业的计划，一是因为我们都生性散漫，喜欢无拘无束，不想被一套房子绑在一个地方，什么时候想换个城市换个环境生活都可以便捷些；二是因为房价实在太高，眼红别人涨了，心疼别人跌了，不如就干脆不买，落得个清净。

杜克

-

最热爱家乡的食客，最真心的发现家，关注温州文化风俗饮食的每一个细节。一提温州便两眼放光的文艺小青年。

不过租人家现成的房子，也有个不好的地方，就是对室内装修环境的可选择空间很小，别人装好是啥样就啥样，至少大框架没法改，能做的顶多是零星家具家电的添置。加之我们生活的地方只是个小县城，要想租到室内设计风格赏心悦目的房子更是难上加难。直到去年年初，妻子怀孕，我就想我得给他们母子一个家，至少是自己打造的、有自己的心意在里边的家。在不买房的前提下，能实现这个想法的方式只有签长租约租一套毛坯房自己设计装修。我的装修预算是 10 万左右（家具家电另计，因为可以带走），但是亲戚朋友听了都很反对。他们认为别人的房子总归是别人的房子，给它装修好了最终都是别人的，你只是为他人作嫁衣，如果实在要这么做，就随便花两三万装一下算了，能满足基本生活需求即可。我和妻子给他们算了一笔账：在城区租一个两室一厅带精装修的房子每月至少需要 5000 元；而租一套 130 平的毛坯房，只要月租 2000 元，硬装如果花 10 万元，签 5 年租约的话，平均每年 2 万，再平摊到月租里，每月只要 4000 不到。相比之下，两者哪个划算呢？何况，如果自己装修设计，你还能住上自己喜欢的风格的房子。另外，孩子的到来，也要求我不能给他一个随便弄起来的家，这个家至少要陪他度过 5 年。于是，在亲友的质疑声中，我们开工了。

妻子因为怀孕，在商量好整体风格和布局之后，我就没再让她进入装修工地，以免粉尘和噪音异味影响胎儿，但是我答应她，在孩子到来之前，我会给他们一个漂亮的家。

先说风格。我个人是很喜欢老气的中式传统风格的，而妻子偏爱明亮清新的现代北欧风格，所以在整体设计风格上需要做一个折中。但有一点共识：要简单而精致，不能走富丽堂皇路线。当然这同时也是出于节省的原因。这点还是古人说得好：盖居室之制，贵精不贵丽，贵新奇大雅，不贵纤巧烂漫。凡人止好富丽者，非好富丽，因其不能创异标新，舍富丽无所见长，只得以塞责。宜简不宜繁，宜自然不宜雕斫。所以，我在选择中式风格的构件时，都尽量选择结构简单利索的。比如窗棂，就找了最简单的纵横纹；洗手间的门用的是旧货市场淘来的老门，样式也是最简单的斜格子纹。总之，要有中式元素，但事事都要以雕镂为戒。而且，只有这样，在房子里加入其他风格（比如妻子喜欢的北欧或日式风格）的构件时，不会相互抵触、显得突兀。所谓舍得舍得，有舍即是得。我觉得装修房子，最难能可贵的品质就是敢于舍弃。

再说格局。现在的居室设计似乎有个趋势，就是以大、空阔为美，估计一是为了彰显豪气，二是觉得空阔了人就舒畅。其实并非如此，如果是做展厅，当然是空阔、面积大好，但如果是家，这样就未免失之冷酷。李渔在《闲情偶记》中说：

堂高数仞，榱题数尺。壮则壮矣，然宜于夏而不宜于冬。登贵人之堂，令人不寒而栗……及肩之墙，容膝之屋，俭则俭矣，然适于主而不适于宾。造寒士之庐，使人无忧而叹，虽气感之乎，亦境地有以迫之……吾愿显者之居，勿太高广。

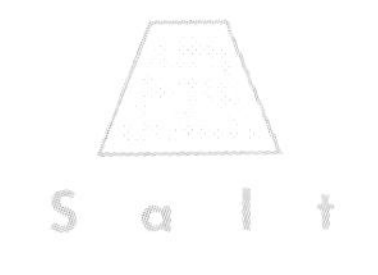

李渔实在是太懂生活了。居住的房子要有家的感觉就得先有适当的“拥挤”感，这就需要在装修时对空间进行适当的分隔。但是分得太多，隔得太严实，又会令人感到昏暗、压抑。我们刚拿到手的毛坯房是大通间，把主卧、次卧以及洗手间用墙隔出来以后，其他的空间都用半墙做隔断。除了半墙外，我自认为很满意的隔断方式是把亭子周围的“美人靠”搬进屋子用。既起到了半隔断的作用，还可以充当坐具，关键还很便宜。另外就是在实墙上开点儿小窗。运用这三种方式，既能有效分隔空间，又能让空间有整体感，通透、采光都能保证。

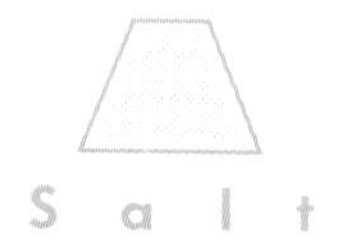

然后是用料。这个房子未来 5 年最重要的居住者是即将到来的宝宝，所以环保是第一位的，这就要求不能有任何甲醛问题，尽量避免使用油漆。不得不用乳胶漆刷白墙面的时候，只能忍痛买最好的儿童漆。而卫生间则简单刷了清水泥，再在表面打一层蜡，这样就能做到防水，又远比清漆环保。地板用了二手的全实木裸板，自己刷木蜡油。家具也忍痛买了最喜欢的梵几，不仅全实木、无油漆、环保，在风格上也跟我想要的居住风格很搭，既有中式气质，又简单清秀有现代气息。而不得已要上颜色的部分，如门框、踢脚线、柜门等，受一位美院的朋友启发，用了一种无异味、不掉色又非常便宜的“油漆”，那就是画油画用的丙烯颜料。用红色和蓝色丙烯，兑上适当的水，就能调出想要的黑胡桃木色，与家中的家具颜色相配。这大概是我在装修这套房子过程中最自豪的事情了。全屋只用了两瓶丙烯颜料（实际上都没用完），折合人民币 19 元钱。

最后说几个自认为有意思的小创意。

一个是入门玄关处的伞架。因为所在的南方小城雨水多，经常会用伞，但伞进门往往会弄得滴滴答答很狼狈，放个水桶又觉得难看，于是让木匠师傅用剩余的踢脚线边角料钉了一个实木的伞架（这里得夸下师傅的手艺，做得很简约精致），下方留一小块不铺地砖，放上卵石即可。

第二个是卧室房门和阳台之间的推拉门。这是找网上做和式移门的网店做的，让他们把有明显日式的纹饰去掉，再把纸改成了磨砂的亚克力板（纸不牢，怕风雨；磨砂的亚克力即能透光又能保证私密性）。又因为家中养了 3 只猫，猫砂盆放在阳台外面，所以得在门上留个猫洞方便它们进出，但是在网上找了一大圈，都没发现好看的猫狗门洞，于是索性把移门最下方的亚克力换成了木板，再在木板上打了个圆洞。没想到收到奇效，既保证了门的整体简洁性，又实用，妻子也觉得非常好看。

还有一个是进门玄关的处理。平常看到的铺木地板的居室，基本都是直接平铺到进门的门口的，这种方式很不利于脱鞋进门，来的人一多，鞋子就容易乱串，而且会把木地板踩得很脏，尤其是雨天。于是我决定把进门处做成一个不完全封闭的“小走廊”，“小走廊”的地面铺地砖，要经过这个“小走廊”，才会进入铺着木地板的客厅。木地板因为经过地垄抬高，会高出地砖，这样进门就有一个过渡，来客的鞋子也不会在地板上乱踩。经过一个相对幽闭的小走廊，再来到相对空旷的客厅，也有一种豁然开朗的感觉。

篇幅有限，先聊这么多。我只是一个装修的门外汉，弄个房子自娱自乐，难免被方家笑话。不过，当装修 3 个月过去，带妻子进入这套房子时，她不无动容地说：“我感觉我回家了。”吾心安处即是家，至少这里让她觉得心安了，希望宝宝也会有这样的感觉。

众多食器的日常

文 | 杨慧　图 | 河马

在烦躁抓狂的时候，我很难让自己读些什么，但河马老师的微信是个例外。阴天的时候，你会看到他又用那个土钵开始研磨子姜了。子姜被研成细细的粉末放入泡菜当中，土陶的颜色和泡菜的红色、子姜的黄色形成绚丽的对比，心情立刻清爽，生活也明亮了很多。

河马

河马食堂主人、生活家、食器收藏家。河马总以为自己上辈子就是个蹲角落里做盘子和碗的匠人，不然今生怎会看到美的器具就没来由地心生欢喜。

不只煮饭那么简单

从十年前的第一只碗，到现在的几百件日本陶艺作品。食器、花瓶、餐具在河马老师的生活中已远远不是用具那么简单了。同样是一餐饭，一次料理，河马老师会用不同的收藏呈现在不同的客人面前。剁碎的青椒加入盐巴，之后与花椒粉、茄子拌在一起，放入深色的陶碗当中，表达的是珍重和珍惜。而用青花瓷的碟子来装炖煮好的百合和山药，则表示了主人对于季节的喜悦和欣赏。“食物和器皿是相互成就的关系，食器看上去没有生命，甚至有点冰冷，但是只要放入料理，你就会发现它的生命，因为它装入了生活，是食材的温度和颜色让它变得很美很美。”

用尊重的态度来看待

因为在收集日本的陶艺作品，因此河马老师定期都会去日本的市场逛逛。“到了那里，我发现自己变得很兴奋，每次看上的东西很多，但能拿回来的又很少，这些瓷器陶器只能随身携带，因此每次从日本离开都会做很多很多的甄别。虽然每次的行程因为携带陶器而变得有些狼狈，但是当它们进入我的家中的时候，食器和食器之间的那种相互辉映，会让你的居室变得很美。”当然，河马老师并不是只收集日本大师的作品，他每年也会用很多的时间去全国各地走走，一次江西鹰潭的旅行，让他偶遇了很多青花碟碗。“闲逛时我进了一家土产店，在一个非常脏的架子下面我发现了很多当地的土碗，虽然看不清具体的样貌，直觉告诉我要买，便问老板娘卖不卖。她说你真的要买吗，那是被水渍过

Salt

的。我说当然要了，后来便花了很少的钱买了一大堆。”渍过的碗碟在土产店的搁架下仿佛已经放了几十年，因上面斑驳的水印而无人问津，而当河马老师将它们搬回家，放入了番茄、南瓜，它的样貌便美丽婀娜了起来，那些水渍现在看来都亲切可人了。环顾四周，你会感叹河马老师的家怎么能有那么多的收藏，虽然它们有些凌乱，但每个都让你感到亲切和喜悦，正应了河马老师对我说的一句话：尊重食器，你就会发现它的美。

不用断舍离的轻盈感

-

作为一个食器收集家，河马老师的家真的不能算是传统意义上的“轻盈之家”，你会想，一个人怎么可以有这么多的碗碟杯盘。如果你仅仅是听说了河马老师的藏品数量，你肯定会怀疑这样的家还会有舒适感吗？但，如果你真的来到了这里，便会放下一切的置疑，很自然地融入这样一个与收藏和谐共处的空间中来。每个去过河马老师家的人对那里的第一印象竟然出奇地一样——“温暖”。房间虽然不大，但是河马老师却拥有最傲人的深木色碗柜。当一件件陶艺作品放入碗柜的时候，这些原本是用来盛放食物的器皿也成了家中最重要和最抢眼的装饰。“有了这些食器，其他的装饰都会做更多的减法了，你的家也会变得很有味道和风格。”东西多，但井井有条，这一直是河马老师追求的起居概念。“我也很欣赏那种刻意的断舍离，但是我更珍惜我的收藏。对我而言，轻盈的概念有繁有简，收藏多但是很有序也是一种轻盈的风格，它更多了一种生活的味道，这种生活的场景感也让更多的朋友感到亲切。”

一春无事为花忙

-

文 & 图 | 芸芸

最近在乡下造房子，新家首选就是留了一块地可供我种花和种各种香草蔬菜，那随手从花园里剪一束花成作品的梦想也很快会实现是最近最开心的事情了。

芸芸

-

杭州艾物花集创始人、国内新锐自然花艺师。07 年毕业于中国美术学院油画系，学习日式插花数年，创立“艾物花集”，作品充满野趣和灵气，风格鲜明，用身边的枯枝树叶就可以做出好看的花艺作品，也提倡生活要有花，不管富贵贫穷。艾物花集也是杭州首家以花为主题的复古生活美学教室，定期开设花艺课、油画课、刺绣等手作课程，还经常组织带领学员进行花艺美学旅行，不断地推广自然和植物的疗愈。

开放的白和舒服的灰

-

没有什么能像一个家一样，是需要这样慢慢积累的地方。开始的时候可能很松，也很空旷，但是随着日子一天天过去，家中多了人气，也多了人的物，人的住，人的要求……家会慢慢地饱满起来。所以在最初设计的时候，我不会让家显得太满，如果那时你给了家一个满分，你会发现以后的日子都是在做减分了。尤其像餐厨这样的空间，实用性和美观性都要考虑，并且因为自己是一个热爱食物的人，收集各种和食物相关的产品也成了自己的爱好之一，每多一样东西，家里就少了一点空间。因此在最早的时候，我就已经给厨房和餐厅找好了基调——开放的白和舒服的灰。白色是一种很有张力的颜色，白色让人感觉包容、大气和平和，在白色当中你会觉得自己很有动力和自信。灰色也是如此，你在灰色当中生活绝对不会感到不自由，因为它永远是你心中那块舒服的存在。对于空间，比如餐厅，我更喜欢全开放式的感觉，看上去什么都没有，反而什么都可以包容，有无限的可能。后面就是我的长项了，我会根据四季的花材来改变餐厨的风格，有时候甚至会用萝卜荠菜这些蔬菜来做花艺作品，也会根据家里的气氛和节日来改变餐桌花的布置。

春夏我最心仪的事情

-

春夏，我最喜欢的事情就是为空间选花和搭配花草，因为这是一年中花草最茂盛的时候，你可以无拘无束地组合，也可以用更多的品种尝试你原来从未尝试过的内容。就像那些食客到了春天就像复苏了一样，好吃的好看的东西在这个时节都急匆匆地溜到你眼前来了。洋牡丹是第一上市的花材，它复杂的花瓣配合着半开的气质让人着迷，如果你插得好并且靠近有光的地方，那些大一点的花苞都会最终绽放开来，甚是一个好养的美人。接着，是绣球，这是我在春夏最喜欢的花材。大朵的绣球，颜色淡淡的，若有若无，无论是单独插瓶还是组合拼插，都能立刻为你的空间提气。透明的玻璃花器和质感轻盈的餐巾或者桌旗，在这时也非常应景，粉色、白色、紫色……这些都能带给你季节的感受。花草是最治愈我心灵的东西，即使是冷冰冰的隔断我都可以用绿植搭配成一个轻盈的空间，透光又透气，变化无穷。因此喜欢经常变化房间陈设的人，完全可以在春夏利用植物组合的方式满足这一点。

这一季，我的创意来自山野

我喜欢用自然界的花草叶枝重新创作组合，今年初夏我的灵感是用农场当季的藤条、枝蔓、芦苇、山里的野果树皮和农场的鸡蛋大米组合了一个特别的餐桌场景。不是一定要花团锦簇才是美，自然界的四季赋予我们不一样的花材，我享受这样的创作过程，就像还原了自然一样。就算只用路边捡来的叶材和野花，而不用刻意去买一些花，有时只需要一点创意也能搭配出你喜欢的场景。花草组合搭配的时候最好能有一些留白和味道，就像吃饭也总是吃七分饱一样，我喜欢作品的不完整，喜欢材料的粗糙带着自然的味道，喜欢四季的不完美。有时候不完美才是最美，如果都像鲜切花一样笔挺，也失去了花儿的灵气。

带上好胃口去旅行

文&图 | YOYO

了解一个城市的最好办法，就是一头扎进城市里的菜市场。因为这里没有粉饰的繁华跟升平，有的只是萝卜白菜最真实的新鲜味道，也因此，更能清晰地看到普通市民的生活原貌。蔡澜曾经说过："沉湎于鱼翅鲍鱼，实际上并不懂得美食，这种饮食上暴殄天物的暴发户心态，与美食家无缘。"别沉迷于唯美的食物，什么口感都要尝尝，这才是一个吃货应有的气度。

YOYO

我在这有限的一生爱着无限的锦食与素年……

格陵兰 · 阳光下的北极风味

八月的南格陵兰，天空纯净大地苍翠。我们从遥远的东方围绕地球一周来到这里。冰川环绕的Narsaq、Qaqortoq对着我们展露出质朴的笑容。一路意外收获了入冬前最美丽绚烂的极光，遇到无数梦幻的冰山和跟着船舷游弋的座头鲸。踏上这片土地前并无奢念，惊喜却让人喋喋不休。冰川亲吻岛屿昼夜书写的诗歌，繁星鼓翼驶过流动的船舷，让我们一次次听见心底欢腾的歌声。周末的Narsaq，人们唱歌、跳舞，在阳光下享用当地的海豹肉、羊腿、风味鲸鱼肉，还有南部农民种植的土豆、蔬菜、当归、拉布拉多茶……同时也把这些欢乐，传递给我们这些远道而来的人。

英国 · 英伦农场的惬意

驱车去伦敦的市中心，来到市郊的Rectory农场，路上下起了雨，伦敦一会儿下雨一会儿放晴的天气，交错着进行。Rectory农场由史蒂芬 · 霍布斯经营，他的家庭世代在英国东南部的白金汉郡和赫特福德郡地区从事农场经营。史蒂芬将牛肉供应给Dawn Meats，后者是麦当劳的长期供应商，为麦当劳英国提供高品质的食品原材料。

Rectory农场的牲畜享有很好的动物福利，品质上乘。400多英亩的农场，包括草场、牲畜聚食场所，以及可耕农作物，如油菜和小麦。我们换上长筒靴经过消毒垫避免携带细菌，再进入农场里参观，近距离地看着西门塔尔牛和利木赞牛一边吃草一边撒欢。我们靠着牧场的围栏喝着咖啡聊着天，快乐来得很简单。

丹麦 · Torvehallerne市场的喧嚣

作为北欧大食厨的丹麦，有一个每日都人头攒动的Torvehallerne市场，当地的朋友介绍说：Torvehallerne不仅有丹麦本土的美食，也有来自欧洲各地的特色菜肴。Torvehallerne市场有60多个摊位，出售的货物从甜品、橄榄油、奶酪、新鲜鱼类到肉类，一应俱全。不仅有丹麦本土的美食，也有来自欧洲各地的特色菜肴，很多摊位可以试吃。作为欧洲最古老的国家，丹麦的地理位置独特，盛产海鲜，据当地人说最好的海产品大部分已经出口。Torvehallerne市场里除了鱼、肉、水果、蔬菜、香草、香料、奶酪、蛋糕、果汁、三明治、沙拉、寿司、面包、咖啡、茶叶，还有很多快餐摊位，坐下来喝杯咖啡，和朋友闲聊休息一会儿也挺不错。我们在附近，点了哥本哈根当地的啤酒、奶酪、三文鱼，晒了会儿太阳，吃了些在市场买的新鲜树莓和蓝莓，结束了在哥本哈根Torvehallerne市场的闲逛之旅。

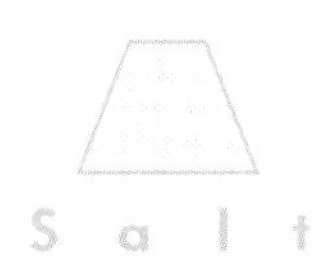

加拿大 · Downey's Farm 农场的覆盆子

-

我来到安大略 · 布兰普敦Downey's Farm 和汤普森多伦多酒店的厨师长米凯尔 · 亨特一起选购新鲜的食材。农场负责人是约翰和露丝 · 唐尼以及他们的小女儿达勒尼。长子格雷格负责为农场种植农作物，另外两个儿子兰和戴夫以及女儿唐娜在他们工作以外的闲暇时间里也经常在农场帮忙。树莓也叫覆盆子，看着可爱，摘的时候很容易刺到手。我一边摘，一边想，对于这种只能手工采摘的娇嫩的莓子，每盒子的售价中大概有 60% 是用来支付劳动的辛苦的。在烈日的熏烤下，终于摘满了一盒，于是想象着一定要用这盒树莓做个甜点，好好犒劳一下自己。

新西兰 · 用奇异果征服世界

-

新西兰旅行，除了各种蓝天白云洗涤心肺，如果有条件，一路的美食也不可错过。喜欢海鲜的老饕，这里的新西兰螯虾和肥美的黑鲍鱼，当然还有多汁的牛羊肉，都能让你获得大快朵颐的满足。还有新西兰的国果：奇异果，也不可错过。我专程到陶朗加的果农塔米 · 希尔家里，在果农家的厨房，塔米的丈夫卡梅伦制作了一道沙拉，我做了一道传统的中国菜。品尝食物，是迅速了解当地人生活，最直接有趣的通道。新西兰美食天然健康、兼容并蓄。白云之乡阳光充足，雨水丰沛，肥沃丰饶的火山灰土壤，碧波浩瀚的太平洋，让新西兰成为南半球的又一处旅行天堂。

澳大利亚 · 不容错过的烹饪课

-

对于喜欢烹饪的人，旅行中最好玩的一个部分，是可以到当地的烹饪学校学习制作特色美食。在黄金海岸的丹百林烹饪学校跟着曾在法国受训的专业大厨泰里，学做口味地道的当地菜肴。搭配当地产 Witches Falls酒庄的几款葡萄酒，中午尽享一上午的烹饪成果。泰里精通不同的烹调手法，她不吝分享自己的才华技能，教我们如何做出口味地道的美食。事实证明，这是目前我在世界很多地方上过的烹饪课中，最棒的一次！

泰里带着我们 5 位同学，开始一起制作食物。先制作简单的藜麦南瓜沙拉，橙汁的运用，让藜麦的口感有了非常好的改善。泰里教大家如何烹饪袋鼠肉，澳洲上百万只袋鼠没有天敌，所以法律允许袋鼠肉被食用。作为澳大利亚的美食遗产，袋鼠食谱经常出现在烹饪食谱里，所以在美食课堂上出现也在情理之中。泰里的方子真的很赞，食物的味道不是一般的好！

纽芬兰 · 北大西洋海捕之旅

-

早在两年前，就开始计划的北大西洋海捕之旅，之所以一直延迟到今年年初，是因为我们要寻找到一艘离岸开始海捕的船，还要在一周左右，刚好有一艘完成捕捞作业、返回陆地的船，这个概率好像不是很大，或者说，这个时间差刚好要控制在一周，有些难度。还好，今年一月所有的条件都已满足，在圣安东尼我们登上的第一艘远洋捕捞船，是大西洋企业号。

我在海上的那些日子，如果不是恶劣的天气，大西洋上的海风，风速大概有每小时 40 海里（1 海里等于 1852 米），整条船像一只巨大的摇篮，摇来晃去。（至于那些 55 节的大风天，摧枯拉朽地在飓风里颠簸的日子，真心不敢再回顾。）大副卡维尔给了我一盒晕船贴，我看了下，贴在耳后既不能沾水也不能触摸，就放在桌上没用。凌晨四点，风雪交加的甲板。渔民们已经在船尾等待着将北极虾拖网上船。巨浪每一次翻涌，都似乎要冲上来。渔网上的白色浮漂跃出海面，好像跳跃的珍珠链条。满满的北极虾被拖上甲板，在出水后几分钟内，通过船上的流水线，被带壳直接冷冻，或带壳煮熟后冷冻。然后再分别包装，运送到世界各地的餐厅、街头巷尾的食肆和普通家庭的餐桌。

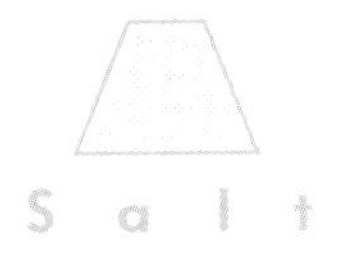

Salt

以色列 · 与星级厨师结缘

-

在以色列旅行，我专程去拜访了几位国际级厨师，其中一位沙乌尔 · 本 · 阿德莱特，给我留下很深的印象。他的餐厅有一个非常好记的名字：蓝色公鸡。阿德莱特制作的美食香气飘荡无远弗届，在巴西、乌拉圭和许多国家的以色列大使馆都有他定制的代表以色列特色的晚宴。他和阿拉伯厨师联手美国公共广播电视台的节目也非常受欢迎。烹饪不是学到东西，你需要激情和触摸，让简单变得完美，是阿德莱特声名远播的美食哲学。

餐厅的一侧连接厨房的操作台，陈列着各种食材、调料和整洁的锅具。阿德莱特带着我们从熟识各种他常用的食材调料开始，每一次为我介绍都亲自触摸品尝。除了保留经典食谱给他忠实的粉丝，也有随时受到启发的创新菜，比如他亲手制作的果仁蔬菜沙拉，加进即时的创意，味道也十分棒。

三年之后的今年六月，我再次来到以色列，又去了阿德莱特的餐厅。客人爆满的餐厅一角，他一眼认出我，再次重逢他说还清楚记得上次见面时的情景。人生总有一些有趣的事，好像美食，能串起一段记忆，也能梳理一些美好。

你是我到来的意义

有些前往是为了去寻找未知的乐趣，而有些人长途跋涉，就只是为了那一个目的地。
一杯咖啡、一块面包、一碗米饭，足以让人一次又一次再回来。

管家

-

一个人
一条狗
一个教室
一家器物店
一家设计工作室

有一个空间
有着来来往往的人
喜欢交志趣相投的朋友

喜欢约早餐
喜欢一个人旅行
喜欢一个人听音乐
喜欢一个人自由地生活

态度是给自己的
和别人无关

做一个简单的人
力求做一个质朴的人

管家：嗨！咖啡店见！

文 & 图 | 管家

北镰仓石川咖啡

管家经常去日本，现在主要就是去搜寻他最爱的器物和喝咖啡。这家位于北镰仓的石川咖啡，也是他每次前往镰仓的理由。从北镰仓车站徒步 10 分钟，由古民宅改造的石川咖啡，也深受许多咖啡爱好者的喜爱。管家最爱喝的就是曼特宁，在这里可以欣赏石川先生悠闲地冲泡咖啡，享受这份宁静。石川先生原来是上班族，但是一直就想开一家咖啡店，通过系统学习和细致寻访，他找到了这间老宅，对其改造后在 2009 年开业，提供自家烘焙的咖啡豆，配上自制的甜点。石川咖啡的周边就是自然风光，坐在窗前点上一杯就能边看风景边细细品味这份醇香。镰仓有许多咖啡馆也使用石川先生烘焙的咖啡豆，在网上也可以网购。

地址：神奈川県鎌倉市山ノ内 197-52　电话：81-0467-81-3008

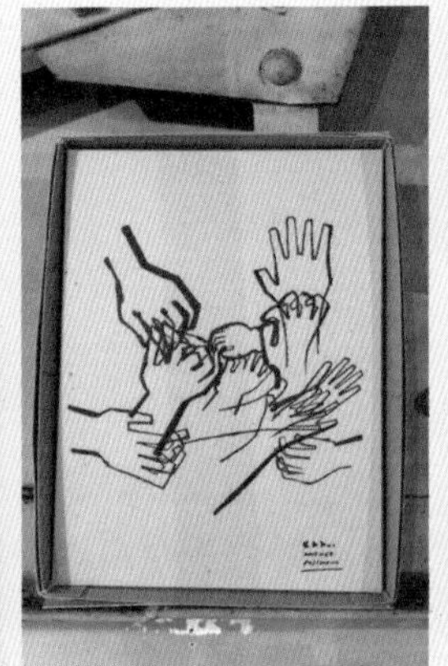

HITOTO

发现 HITOTO 对管家来说完全是一个偶然，当时他到东京吉祥寺闲逛，在由小林和人经营的 outbound 杂货店楼上发现了这家餐厅。HITOTO 是由奥津而和奥津典子夫妇在 2003 年开设的，目前在长崎的云仙参与农务的推进活动，同时在东京和福岛经营店铺。奥津典子曾经学习过“粗粮素食养生法”，所以 HITOTO 的所有食物都是以糙米为主，搭配有机蔬菜和发酵食品。午间的套餐可以选择糙米饭、小菜和味噌汤，还可以选择店内制作的天然发酵面包。HITOTO 提供的下午茶甜点，也全部是手工制作，尊重食物的特性不加任何添加剂，质朴而健康。去年年末，HITOTO 餐厅搬离了吉祥寺，现在在福岛市重新开业，用无农药的蔬菜、传统的调味料，继续制作温暖人心的料理。

地址：福岛县福岛市大街 9-21 **ニューヤブウチビル** 3F　电话：81-024-573-0245

银座琥珀咖啡 Café de L'ambre

这间日本第一家只卖咖啡的专门店，是管家每次来东京的必到之处，由咖啡大师关口一郎先生在 1949 年创立。店面不大的琥珀咖啡，位于寸土寸金的东京银座一个小巷子里，厚重的木门之后仿佛让人回到时光倒流的日子。在这里可以喝到陈年的咖啡豆，来的都是些熟客，很多人喝一杯咖啡就离开，为了能够多在店里待一会儿，管家只能不停点上一杯又一杯。人们在这里所体会的远不止一杯香浓的咖啡，而是一种时代的印记。店里的器皿也很有看头，开了近 70 年的店里，累积了许多精致器物，每一件都能让人目不转睛。虽然已经不太能在店头见到已经是百岁老人的关口一郎先生，但他的儿子还在琥珀咖啡为来客们磨豆冲泡，延续着这场无法复制的修行。

地址：东京中央区银座 8-10-15　营业时间：平日 12:00~22:00 | 假日 12:00~19:00

小白

-

素美食书作者
《小白素食记录》
《四季蔬》

素食餐饮品牌
HaveFun！有饭
创始人

素食传播者

小白：素食的好滋味

文 & 图 | 小白

穗科手打乌龙面

穗科手打乌龙面是小白在台北旅行的时候偶然发现的，外观看着是带庭院的日式料理餐厅，但其实是个百分百的素食餐厅。乌龙面也就是我们熟知的乌冬面，穗科主打的是手打乌冬。在进门的地方有一个开放式空间可以看到师傅在手制乌冬，客人可以很直观看到制作过程。店内的菜单以乌冬为主，小菜基本是蔬菜，没有过度加工，吃了身体没有任何负担，相当轻松。小白很喜欢自慢冷面，因为台湾气候比较炎热，冷面凉爽且调味刚好。店里售卖的盛冈手烧煎饼可以带走作为手信。穗科将日本料理和素食完美结合，让不茹素的人也可以轻松吃素，真是完美的想法。

地址：台北市大安区忠孝东路四段216巷27弄3号

电话：886-02-2778-3737

普素 GreenVege Cafe

小白现在经营自己的素食餐厅，在开店之前也会去各地探店捕捉一些好的灵感，普素就是她在上海探店时发现的，如今已经成了她每次来上海必去的地方。普素是美式复古主题的素食西餐厅，小白个人觉得这里是她在西式素食餐厅里吃过最赞的一家。普素的主人 YOLI 希望借由这里，让更多的人接近素食，给大家一个不一样的素食概念。

小白在普素特别喜欢的是青酱意面，普通的青酱以罗勒为主，而普素的酱料减少了罗勒的用量，加入了其他的绿色蔬菜，让罗勒的味道柔和了许多，再配上松子的香味，每次必点。另一道暖体香料饭也深爱小白偏爱，在冬季吃特别活血。这道菜全谷物打底，加入了很多蔬菜。

地址：上海市徐汇区中山南二路 699 号正大乐城 3F

营业时间：平日 12:00~22:00　假日 12:00~19:00

厨房小物

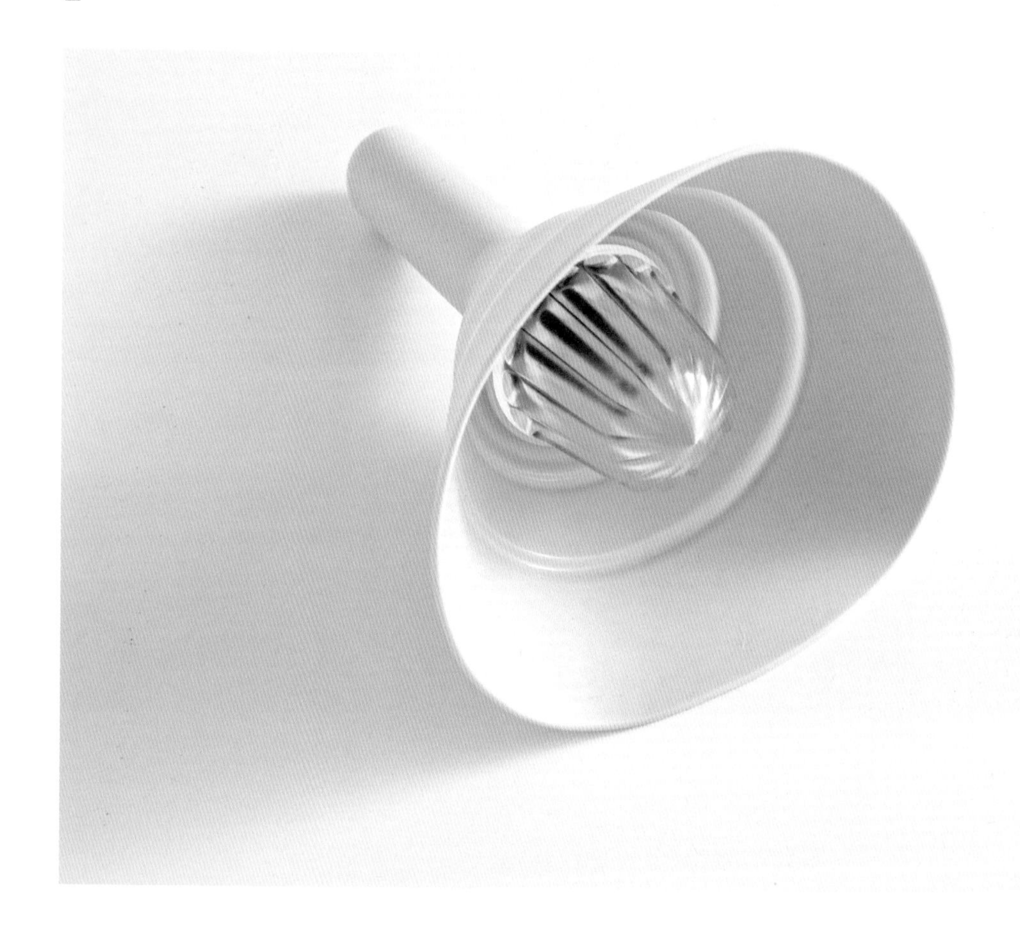

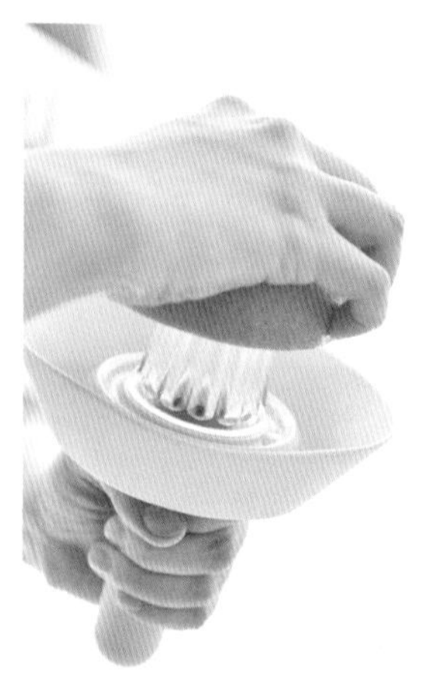

硅胶榨汁器

1- 轻松抓握，双手配合，可以最大限度榨取柑橘果汁。

2- 柔软的硅胶杯壁可以捏出导流口，倾倒不易溅出，保持厨房整洁。

硅藻土干燥剂

1- 天然硅藻土压制而成，可以直接接触食材，完全不必担心食材被污染。
2- 使用一段时间后，放在阳光下晾干即可反复使用，环保又节能。

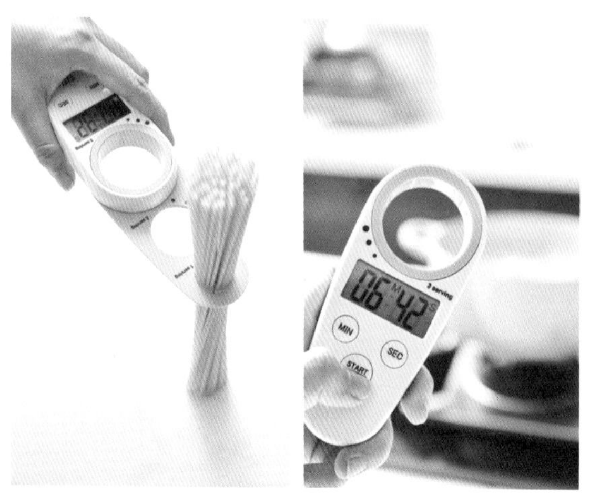

煮 面 计 量 器

1- 再也不用担心煮面的量心里没底了，测量器已经给出了完美的标尺。

2- 煮意大利面可以完全按照包装上建议的时间定时。

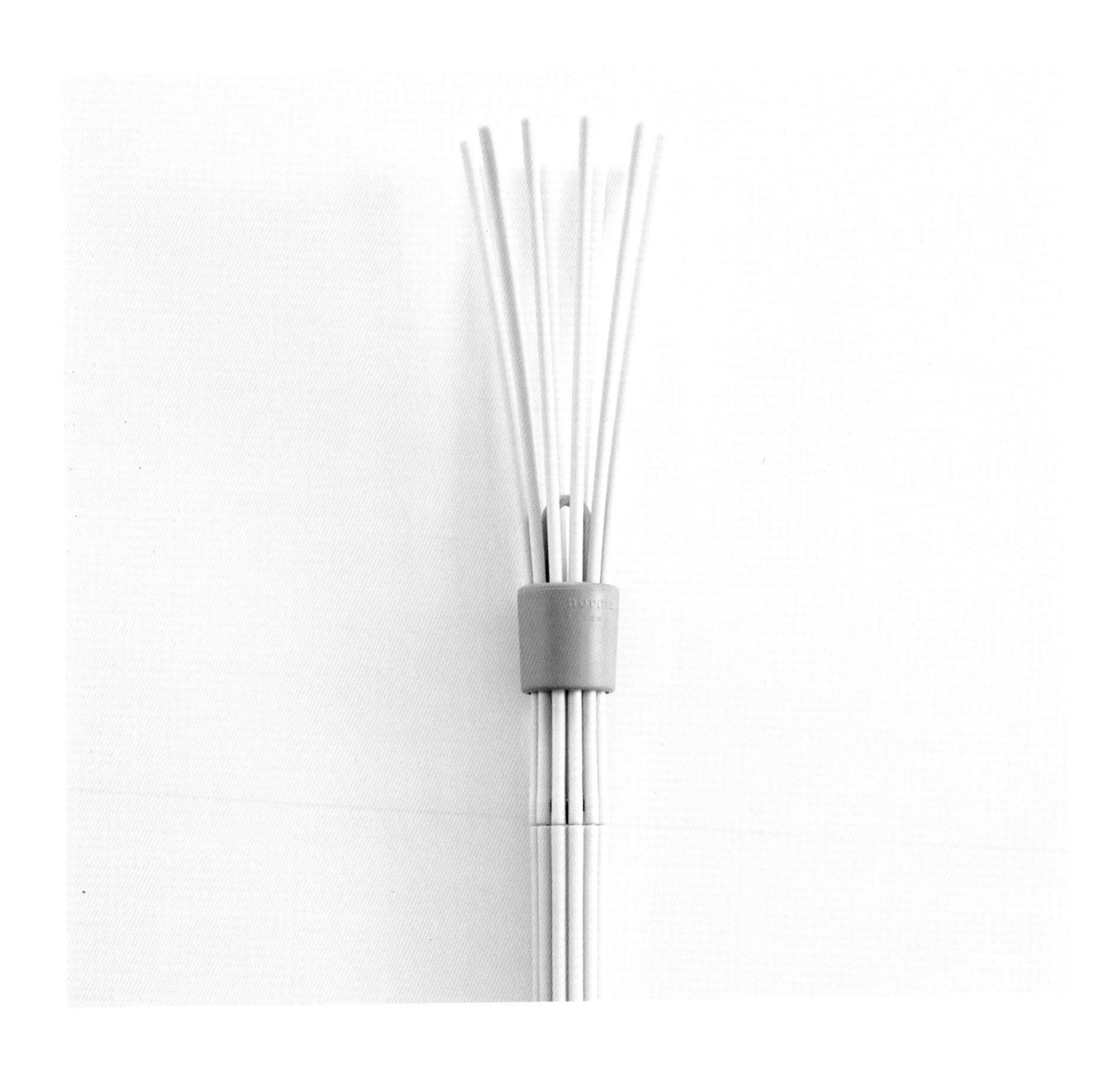

手持打蛋器

1- 收纳特别方便的打蛋器是不是谁都想要一个？

2- 拉环的位置可以随意调整，随着拉环的位置变化，搅拌器打开的角度也随之调整。

图书在版编目（C I P）数据

轻食，因食而愈 / 任芸丽主编. -- 北京：中信出版社，2017.7

（食盐）

ISBN 978-7-5086-7617-3

Ⅰ. ① 轻… Ⅱ. ① 任… Ⅲ. ①饮食－文化 Ⅳ. ①TS971.2

中国版本图书馆CIP数据核字（2017）第108067号

01 轻食，因食而愈

主　　编：任芸丽

出版发行：中信出版集团股份有限公司

（北京市朝阳区惠新东街甲4号富盛大厦2座　邮编　100029）

承 印 者：鸿博昊天科技有限公司

开　　本：787mm×1092mm　1/16　　印　　张：9.25　　字　　数：100千字

版　　次：2017年7月第1版　　印　　次：2017年7月第1次印刷

书　　号：ISBN 978-7-5086-7617-3　　广告经营许可证：京朝工商广字第8087号

定　　价：42.00元

服务热线：400-600-8099

投稿邮箱：author@citicpub.com

食盐

S a l t

ISSUE 01

轻食，因食而愈

出版人：任芸丽

主编：任芸丽

执行主编：金澜

助理编辑：林玥

运营总监：杨琪蒙

摄影：喻彬

内页设计：Crystal Shi、赵菲愈

封面设计：陈梓健

菜谱设计 / 菜品造型：金澜